이야기가
있는
서울길 2

서울 인문역사기행

이야기가 있는 서울길 2

2020년 4월 20일 초판 1쇄 찍음
2020년 4월 30일 초판 1쇄 펴냄

지은이	최연
펴낸이	이상
디자인	노성일
펴낸곳	가갸날

주 소	10386 경기도 고양시 일산서구 강선로 49, 402호
전 화	070-8806-4062
팩 스	0303-3443-4062
이메일	gagyapub@naver.com
블로그	blog.naver.com/gagyapub
페이지	www.facebook.com/gagyapub

ISBN	979-11-87949-45-9 (03980)

이 도서의 국립중앙도서관 출판예정도서목록(CIP)은
서지정보유통지원시스템 홈페이지(seoji.nl.go.kr)와
국가자료공동목록시스템(www.nl.go.kr/kolisnet)에서
이용하실 수 있습니다. CIP제어번호 : CIP2020007526

서울 인문역사기행

이야기가
있는
서울길 2

최 연 지음

가갸날

다시 길을 떠나며

　조선의 도읍지였던 서울은 지금의 행정구역만이 아니라 경기도 일원을 아우르는 권역이었습니다. 왕에게 모든 권력이 집중되어 있고 그 절대권력이 핏줄에 의해 세습되는 고대국가의 특성 때문에 왕을 포함한 왕족들의 생활권역이 모두 도읍지 역할을 하였습니다.

　왕이 거주하는 궁궐을 중심으로 대부분의 왕족들은 도성 안에 살았습니다. 그렇지만 왕과 왕족들의 무덤, 사냥 터, 왕족 소유의 많은 별서와 정자, 왕이 도성을 떠나 머무는 행궁은 도성에서 100리 안쪽인 교郊의 지역으로, 대부분 지금의 경기도를 포함하는 곳이었습니다.

　해서 '이야기가 있는 서울길'은 조선의 도읍지都城인 서울뿐만 아니라 도읍지를 둘러싼 외곽지역近郊인 지금의 수도권에 대한 이야기를 아우르게 됩니다. 지금의 행정구역으로는 도성과 근교가 나뉘지만, 두 곳은 문화적으로 역사공간을 공유하고 있습니다.

　'이야기가 있는 서울 길' 첫 권을 발간한 다음에도 길동무들과 쉼 없이 길을 누볐습니다. 우리들이 다시 길을 떠나 만나야 할 문화유산은 곳곳에 산재해 있습니다. 첫 권에 담지 못한 코스와 새로 개척한 코스를 묶어 둘째 권을 펴냅니다.

　1기부터 4기까지 6년 6개월 동안 학생들과 함께 쉼 없이 달려온 서울학교가 비로소 구색을 갖추어 모습을 드러내게 되었습니다. 그

동안 함께해준 여러 길동무들에게 감사의 마음을 전하며, 조금은 길어질 수 있는 쉼표를 찍습니다.

삶에 조그마한 변화가 있었습니다. 또래의 대부분이 퇴직을 할 즈음에 어쩌다 공무원이 되었습니다. 도자기와 관련된 일을 하며 경기도 이천 설봉산 자락에 둥지를 틀었습니다.

일을 하면서 터득한 작은 깨침은 도자기가 융합의 예술품이라는 사실입니다. 흙과 물의 적절한 배합으로 모양을 갖추고 불의 온도차에 따라 토기와 도기와 자기가 만들어집니다. 물론 불의 온도는 바람에 의해 알맞게 조절되겠지요. 이처럼 흙과 물과 불과 바람의 상생하는 융합에 의해 아름다운 예술품이 탄생합니다.

마찬가지로 역사문화유산 또한 시간과 공간과 인간이 상황에 맞게 펼쳐놓은 종합예술입니다. 우리의 역사인문기행 역시 길동무들이 주인공이 되어 그 시대 그 공간으로 시간여행을 떠나는 것입니다.

앞으로 서울학교 제5기는 시대에 맞는 트렌드를 담아낼 새로운 콘텐츠를 개발하여 다시 여러 길동무들을 찾아가려 합니다.

경자년庚子年 우수雨水 설봉산雪峰山 관고재官庫齋에서

최 연

차 례

조선의 법궁
경복궁을 찾아서

기행 코스

조선의 법궁^{法宮}이며 한양의 중심이었던 경복궁을 중심으로
감고당 터, 안동별궁 터 그리고 갑신정변 삼일천하의 현장인
우정총국을 둘러보는 여정

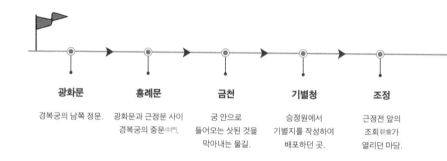

광화문
경복궁의 남쪽 정문.

흥례문
광화문과 근정문 사이
경복궁의 중문^{中門}.

금천
궁 안으로
들어오는 삿된 것을
막아내는 물길.

기별청
승정원에서
기별지를 작성하여
배포하던 곳.

조정
근정전 앞의
조회^{朝會}가
열리던 마당.

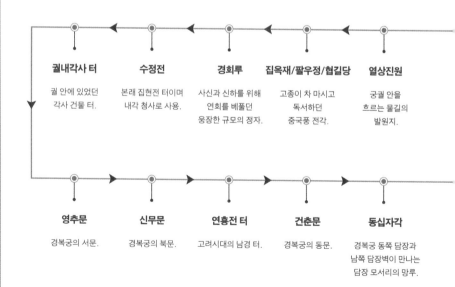

궐내각사 터
궐 안에 있었던
각사 건물 터.

수정전
본래 집현전 터이며
내각 청사로 사용.

경회루
사신과 신하를 위해
연회를 베풀던
웅장한 규모의 정자.

집옥재/팔우정/협길당
고종이 차 마시고
독서하던
중국풍 전각.

열상진원
궁궐 안을
흐르는 물길의
발원지.

영추문
경복궁의 서문.

신무문
경복궁의 북문.

연흥전 터
고려시대의 남경 터.

건춘문
경복궁의 동문.

동십자각
경복궁 동쪽 담장과
남쪽 담장벽이 만나는
담장 모서리의 망루.

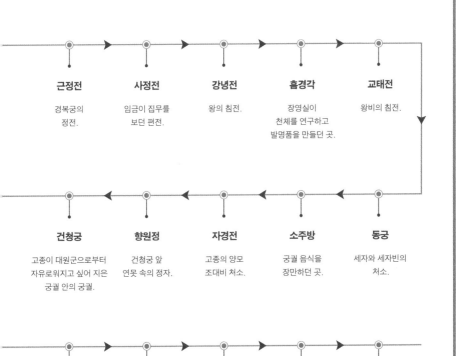

근정전

경복궁의
정전.

사정전

임금이 집무를
보던 편전.

강녕전

왕의 침전.

흠경각

장영실이
천체를 연구하고
발명품을 만들던 곳.

교태전

왕비의 침전.

건청궁

고종이 대원군으로부터
자유로워지고 싶어 지은
궁궐 안의 궁궐.

향원정

건청궁 앞
연못 속의 정자.

자경전

고종의 양모
조대비 처소.

소주방

궁궐 음식을
장만하던 곳.

동궁

세자와 세자빈의
처소.

이간수문

궁 안의 물줄기가
빠져나가는 수문.

종친부

종실宗室의 일을
관장하던 관서.

감고당 터

명성황후가
왕비로 책봉된 곳.

안동별궁 터

풍문여고 자리에
있던 조선시대의 별궁.

우정총국

우편사무를 관장하기
위해 설립한 관서로
갑신정변의 현장.

경복궁의 발자취를 더듬다

　위화도 회군으로 정권을 잡은 이성계는 꼭두각시 왕들을 내세워 막후 통치를 하다가 고려왕조를 끝까지 옹위하려는 세력들을 제거한 뒤, 1392년 개성 수창궁壽昌宮에서 왕위에 올라 조선을 건국하였습니다. 1394년 8월 고려시대 삼경三京 중의 하나였던 남경南京의 연흥전延興殿 터에 도읍을 정하고, 같은 해 10월 한양으로 천도하였습니다. 이때 창건한 조선의 정궁正宮이 경복궁景福宮입니다.

　청와대가 들어서 있는 남경 이궁 연흥전 터는 고려 때부터 명당으로 지목되어 오던 곳입니다. 북쪽으로 주산主山인 백악, 동쪽으로 좌청룡 낙산, 서쪽으로 우백호 인왕산, 남쪽으로 안산案山인 목멱산이 둘러싸고 있는 좋은 지세를 갖추었습니다.

　그러나 그 터가 새로운 나라의 정궁 터로는 너무 좁아 경복궁을 창건할 때 남쪽으로 조금 옮겨 지었습니다. 궁궐이 완성된 뒤 조선의 일등 개국공신 삼봉 정도전이 궁궐의 이름을 지었는데,《시경詩經》의 '이미 술에 취하고 이미 덕에 배불렀으니 군자만년에 큰 경복景福이라'는 구절에서 경복궁의 이름이 비롯되었습니다.

　태조 이성계가 한양으로 천도한 지 채 5년도 지나지 않아 태조의 뒤를 이은 정종이 한양에서 개경으로 도읍을 옮기면서 경복궁은 방치되

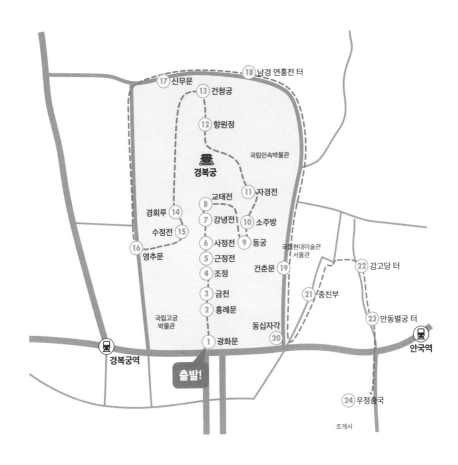

18 남경 연흥전 터
17 신무문
13 건청궁
12 향원정
경복궁
국립민속박물관
11 자경전
8 교태전
7 강녕전
10 소주방
14 경회루
15 수정전
6 사정전
9 동궁
국립현대미술관 서울관
16 영추문
5 근정전
4 조정
건춘문 19
22 감고당 터
3 금천
21 종친부
국립고궁박물관
2 흥례문
23 안동별궁 터
동십자각
1 광화문
20
경복궁역
안국역
출발!
24 우정총국
조계사

경복궁의 정문인 광화문에서 답사를 시작하여 궐안을 한바퀴 둘러봅니다.
영추문으로 빠져나와 동십자각까지 경복궁 담을 끼고 걸은 다음
안동별궁 터와 우정총국까지 답사를 이어갑니다.

경복궁의 정전인 근정전. 근정전의 왼쪽은 인왕산, 오른쪽은 백악이다.

다시피 하였습니다. 정종으로부터 왕위를 양위 받은 태종이 한양으로 재천도를 단행함으로써 비로소 경복궁이 조선왕조의 정궁의 지위를 얻게 됩니다.

그러나 태종은 창덕궁昌德宮을 건립하여 주로 그곳에서 거처하다가 태종 11년이 되어서야 경복궁으로 옮겼습니다. 왕위계승과 관련하여 이복동생들인 방석, 방번과 정치적 동지였던 정도전 등의 개국공신들을 살육한 현장이 경복궁이었기 때문에, 그 현장을 기피하고 싶은 심정이었을 것입니다.

세종 대에 들어와 비로소 경복궁은 명실상부한 조선 정궁으로서의 면모를 갖추게 됩니다. 이때 궁성의 북문인 신무문神武門을 건립함으로써 남문 광화문光化門, 동문 건춘문建春文, 서문 영추문迎秋門의 4문 체제가 완성되었으며, 각 문과 다리의 이름도 이때 지었습니다. 경복궁은 크고 작은 화재가 빈번히 발생하였으나, 그때마다 증개축을 통해 규모가 오히려 커졌습니다.

경복궁은 임진왜란 때 전소되었습니다. 전쟁이 끝난 뒤 몽진蒙塵에서 돌아온 선조는 갈 곳이 없어 지금의 덕수궁 자리에 있던 월산대군의 사저와 주변의 몇몇 주택을 행궁行宮 삼아 정사를 살폈습니다. 임진왜란 때 경복궁뿐만 아니라 창덕궁과 창경궁까지도 모두 불타버렸기에 어쩔 수 없었습니다. 선조의 뒤를 이은 광해군은 창덕궁을 중건하여 창덕궁에서 정사를 돌봤습니다. 경복궁은 폐허가 된 채 대원군이 경복궁을 중건하기까지 273년간 방치되며 창덕궁에 조선의 정궁 역할을 넘겨주었습니다.

그러던 중 기울어져가는 조선의 자존심만이라도 살리고자 1865년(고종 2) 흥선대원군의 강력한 의지와 수렴청정을 하던 신정왕후 조대

비의 지원으로 경복궁 중건 공사가 시작되었습니다. 문제는 재원의 조
달이었습니다. 대원군은 재원을 마련하기 위해 각계각층으로부터 원
납전願納錢이라는 명목으로 기부금을 받았고, 기존의 화폐 가치보다 백
배나 되는 당백전當百錢을 찍어냈습니다. 사대문을 통과하는 우마차에
통행세를 부과하기도 하고, 결두전結頭錢을 신설하여 혼인한 백성들로부
터 인두세를 징수하였습니다. 이러한 일련의 정책은 백성들을 도탄에
빠지게 하고, 화폐의 유통질서를 문란케 하였습니다.백성들의 참혹한
고통의 대가로 마침내 1867년(고종 4) 11월에 경복궁의 복원이 완료되
었습니다. 공사비용은 모두 770만 냥이 들었습니다. 하지만 을미사변
이 일어나 명성황후가 시해되자, 고종은 경복궁으로 이어한 지 28년 만

인 1896년 러시아 공사관으로 파천^{俄館播遷}을 단행합니다. 그리하여 경복궁은 다시 주인을 잃어버리는 신세가 되었습니다.

고종은 삼한^{三韓}의 정통성을 이어가겠다는 의지의 표현으로 나라 이름을 대한제국^{大韓帝國}이라 반포하고 주로 경운궁^{慶運宮}(지금의 덕수궁)에 머물렀으며, 순종은 즉위한 다음 창덕궁에 거처하였습니다.

일제는 주인 없는 경복궁의 부지를 조선총독부 소유로 탈취하고, 경복궁의 많은 전각들을 헐어서 팔아버렸는데 4,000여 칸이 훼멸되었다고 합니다. 경복궁 훼절의 결정판은 광화문과 근정문 사이의 홍례문^{興禮門}과 좌우 행각 등을 철거하고, 그 자리에 조선총독부 청사를 지은 것입니다. 광화문의 좌향^{坐向}도 관악산을 향하던 것을 조선신궁이 들어선 목멱산을 바라보도록 동쪽으로 조금 틀어놓았습니다. 2001년 옛 조선총독부 청사가 헐리고 홍례문 일원을 복원할 때, 광화문도 목재로 복원되고 본래의 좌향을 찾았습니다.

경복궁은 조선의 법궁

궁궐은 그 용도에 따라 한 나라의 법통을 잇는 법궁^{法宮}, 임금이 통치 행위를 하던 정궁^{正宮}, 화재와 변란 등 변고가 생겼을 때 옮겨가는 이궁^{離宮}, 능 행차, 피난, 피접을 가는 과정에서 묵는 행궁^{行宮}, 특별한 목적으로 지은 별궁^{別宮}으로 나뉩니다.

조선의 법궁은 경복궁이고, 대한제국의 법궁은 경운궁입니다. 정궁은 임진왜란 전까지는 경복궁이고, 그 이후는 창덕궁입니다. 경희궁과 선조가 몽진에서 돌아온 뒤에 머문 경운궁은 이궁입니다. 행궁으로

임금이 신하들과 만나서 기쁨이 더할 나위가 없는 경회루.

는 사근 행궁, 북한산성 행궁, 남한산성 행궁, 화성 행궁, 온양 행궁 등
이 있습니다. 상왕인 태종을 위해 세종이 세운 수강궁과 그 수강궁 터
에 할머니, 어머니, 작은어머니 세 분을 모시기 위해 성종이 지은 창경
궁은 별궁입이다.

조선 건국 초기에 경복궁과 창덕궁을 함께 축성하여 두 궁궐이 시
기별로 정궁의 역할을 달리 하였지만, 법궁의 위치는 여전히 경복궁의
몫이었습니다. 그리하여 중국의 전범典範인 주례周禮에 맞게 경복궁을 축
성하였습니다.

첫째는 건물을 대칭으로 배치하였습니다. 광화문-홍례문-근정문-
근정전-사정문-사정전-향오문-강녕전-양의문-교태전으로 중심축
이 이어지고, 왼쪽인 동쪽은 세자의 영역인 동궁東宮, 오른쪽인 서쪽은
임금과 신하가 만나는 영역인 경회루, 집현전 그리고 궐내각사闕內各司가

어좌 뒤에만 배치할 수 있는 일월오악도.

자리 잡았습니다.

둘째는 세 개의 권역에 세 개의 문三門三朝이 있습니다. 삼문이라 함은 고문皐門, 치문治門, 노문路門을 일컬으며, 삼조라 함은 외조外朝, 치조治朝, 연조燕朝를 이릅니다.

외조는 신하들이 집무하는 공간으로 흥례문에서 근정문까지입니다. 치조는 정전과 임금이 일상생활을 하던 편전을 포함하는 공간으로 근정문에서 향오문까지입니다. 연조는 임금과 왕비를 비롯한 왕실의 침전寢殿과 생활공간입니다. 향오문 뒤 임금의 침소인 강녕전과 왕비의 침소인 교태전 그리고 대비의 생활공간인 자경전 일원입니다. 따라서 고문은 외조의 정문인 흥례문, 치문은 치조의 정문인 근정문, 노문은 연조의 정문인 향오문입니다.

궁궐은 왕과 왕비 그리고 세자가 사는 궁宮과, 궁을 지키는 궐闕로 이루어집니다. 궁은 외조와 치조와 연조에 있는 모든 건물을 가리키며, 궐은 경복궁의 사대문과 궁을 둘러친 담장, 망루로서의 동십자각과 서십자각 그리고 수비 군사들이 기거하는 광화문에서 홍례문 사이의 공간을 말합니다.

셋째, 궁궐의 길은 세 길로 이루어져 있습니다. 세 길 중 가운데 길이 약간 높이 솟아 있는데 이곳을 폐도陛道라 하여 임금이 다니는 길이고, 동쪽 길은 문신文臣이, 서쪽 길은 무신武臣이 다니는 길입니다. 가운데 길인 폐도는 임금만 다닐 수 있으며, 폐도를 다니는 사람을 일러 폐하陛下라고 부릅니다. 물론 황제의 나라에서만 그렇게 부를 수 있습니다.

삼도와 마찬가지로 대문도 동쪽 문에는 태양을 뜻하는 일日자가 들어가며, 이곳으로는 문신들이 드나듭니다. 서쪽 문에는 달을 뜻하는 월月자가 들어가며, 무신들이 드나듭니다. 그래서 근정문 동쪽에는 일화문日華門이, 서쪽에는 월화문月華門이 자리하고 있습니다.

또한 중심축의 좌우로 배치된 부속건물들도 동쪽에 있는 건물과 대문에는 봄 춘春자가 들어 있고, 서쪽에 있는 건물과 대문에는 가을 추秋자가 들어 있습니다. 사정전 동쪽에는 만춘전萬春殿이, 서쪽에는 천추전千秋殿이 있으며, 경복궁의 동쪽 문은 건춘문建春門, 서쪽 문은 영추문迎秋門입니다.

경복궁의 정문인 광화문 앞에서 뒤를 돌아보면 세종로와 태평로가 숭례문까지 시원스럽게 뚫려 있지만, 조선시대에는 지금의 조선일보사 앞에 황토현黃土峴이라는 언덕이 있었습니다. 그래서 한양도성의 정문인 숭례문으로 가기 위해서는, 지금의 세종로인 육조거리를 지나

경복궁의 정문인 광화문에서 동쪽으로 뻗은 담장이 인왕산 능선과 닿아 있다.

광화문네거리에서 동쪽으로 지금의 종로거리인 운종가를 따라 지금 종각이라 부르는 종루鐘樓까지 가서, 다시 남쪽으로 지금의 남대문로인 숭례문로를 따라 숭례문에 이르게 되는데, 이 길이 한양의 간선도로 입니다.

세종로를 조선시대에는 주작대로朱雀大路 또는 육조거리라고 불렀습니다. 궁궐의 좌향이 남향을 하게 되어 있으므로 궁궐 앞 도로를 오행五行에 따라서 주작대로라 하였던 것입니다. 또한 그곳에 조선시대의 관청인 육조가 자리하고 있어 육조거리라 했습니다.

조선은 도읍을 조성할 때 중국의 방식에 따라 궁궐을 중심으로 좌묘우사左廟右社, 전조후시前朝後市의 원칙을 적용하였습니다. 또한 임금은 배북남면背北南面하여 통치하므로 궁궐은 당연히 남향일 수밖에 없습니다. 즉 궁궐은 북쪽을 등지고 남쪽을 바라보게 하고, 궁궐의 왼쪽인 동

조선시대에 주작대로 또는 육조거리라고 불린 경복궁 앞의 세종로.

쪽에 종묘를, 오른쪽인 서쪽에 사직단을 세웠습니다.

아울러 궁궐의 앞쪽인 남쪽에 관청을 배치하고, 뒤쪽인 북쪽에 시장을 배치하게끔 되어 있었습니다. 조선 초기에는 이 원칙에 따랐으나, 시장이 들어선 곳이 지금의 청와대 자리로 터가 너무 협소하여, 지금의 종로거리인 운종가로 옮겨 육의전을 열게 되었습니다. 엄밀히 말해서 전조후시가 아니라 전조전시前朝前市가 되어버렸습니다. 주작대로는 제후7궤諸侯七軌의 원칙에 따라 제후국가에서는 7궤, 즉 마차 일곱 대가 다닐 수 있는 넓이를 넘어서는 아니되었습니다.

육조거리의 왼쪽, 즉 동쪽에는 의정부議政府, 이조吏曹, 한성부漢城府, 호조戶曹, 기로소耆老所, 포도청捕盜廳이 차례로 자리 잡았고, 오른쪽, 즉 서쪽에는 예조禮曹, 사헌부司憲府, 병조兵曹, 형조刑曹, 공조工曹 등이 차례로 배치되었습니다. 육조거리의 관아를 통칭하여 궐외각사闕外各司라고도 불렀

선악을 구별하는 상상의 영물 해치.

습니다.

　돌아서서 광화문으로 들어서려고 하니 커다란 해태 두 마리가 떡하니 버티고 있습니다. 속설에 의하면, 관악산이 화산火山이어서 그 화기가 경복궁에 미쳐 화재를 발생시킬 염려가 있어, 그것을 방지하기 위해서 불을 먹는다는 상상의 동물인 해태를 광화문 앞에 세웠다는 것인데, 그럴 듯하지만 사실이 아닙니다.

　이름부터 해태가 아니라 해치입니다. 최근 들어서는 서울시의 상징 동물로 해치라고 바르게 부르고 있습니다. 해치獬豸는 중국 요 임금 때

출현한 상상의 영물로, 매우 영리하여 선악을 구별하는 능력과 사람의 시비곡직_{是非曲直}을 판단하는 신령스러운 재주가 있다고 합니다. 눈매가 부리부리하고, 정수리엔 외뿔이 있고, 목에는 방울이 달려 있고, 몸은 비늘로 덮여 있습니다. 옛 사헌부 터인 지금의 세종문화회관 앞에 있던 해치는 없어졌고, 광화문 앞에 있는 두 마리의 해치는 대원군이 경복궁을 복원할 때 당대 최고의 석수장이 이세욱이 조각한 걸작입니다.

중국의 《이물지異物志》에는 해치에 대해 "성정이 충직하여 사람이 싸우는 것을 보면 바르지 못한 사람은 뿔로 받고, 사람이 다툴 때는 옳지 않은 사람을 뿔로 받는다"고 설명되어 있습니다. 이러한 해치의 상징성 때문에 해치는 인간의 죄를 다스리는 사헌부 앞에 놓여 있었습니다. 그래서 사헌부 수장인 대사헌의 흉배에는 해치를 수놓았습니다.

경복궁 둘러보기

광화문이란 이름은 '나라의 위엄과 문화를 널리 만방에 보여준다光被四表化及萬方'는 뜻의 《서경》 속의 말에 뿌리를 두고 있습니다. 광화문은 조선시대 궁궐 대문 가운데 유일하게 궐문의 형식을 갖추었는데, 돌로 육축을 높이 쌓고 가운데 칸이 양쪽 옆 칸보다 조금 더 높고 넓게 세 개의 홍예문을 내는 고설삼문高設三門 형식입니다. 가운데 칸은 임금과 왕비만이 드나드는 어칸御間이고, 동쪽 칸으로는 문신이, 서쪽 칸으로는 무신이 드나들었습니다.

광화문의 현판 글씨는 고종 때 경복궁 중건 당시 훈련대장으로서 영건도감營建都監 제조를 맡았던 임태영이라는 무인이 쓴 것입니다. 광화문은 남문이라서 천정에 주작朱雀이 그려져 있습니다. 북문인 신무문에는 현무玄武가, 동문인 건춘문에는 청룡靑龍이, 서문인 영추문에는 백호白虎가 그려져 있습니다.

광화문에서 홍례문에 이르는 구간은 궁이 아니라 궐에 해당되는 곳이기에 삼도가 형성되어 있지 않습니다. 궁을 지키는 병사들이 훈련할 수 있도록 평평한 광장으로 되어 있으며, 군사들이 숙직하는 건물도 있습니다.

홍례문을 들어서면 정면에 근정문이 보이고 좌우로 행랑이 둘러쳐 있으며 바로 앞에는 영제교永濟橋라는 돌다리가 놓여 있습니다. 영제교 아래 흐르는 물은 궁궐의 최북단인 열상진원洌上眞源에서 시작되어 향원정에서 연못을 이루고 경회루 연못에서 잠시 쉬었다가 영제교를 거쳐 동십자각 근처 궁궐 담장 아래의 이간수문을 통해 빠져나갑니다.

경복궁으로 유입되는 물줄기의 시작이 되는 열상진원.

이 물길은 서류동입^{西流東入} 또는 서출동류^{西出東流}하는 명당수로 금천
^{禁川}이라고 하는데, 임금의 공간과 바깥공간을 구분 짓는 상징성을 지니
고 있습니다. 그래서 천록^{天祿}이라는 뿔 하나 달린 상서로운 짐승 네 마
리가 매서운 눈초리로 사악한 것들이 금천을 건너지 못하도록 납작 엎
드려 지키고 있습니다.

이처럼 금천 위에 놓인 다리를 금천교^{禁川橋}라고 합니다. 조선의 모
든 궁궐에 놓여 있으며, 경복궁의 영제교, 창덕궁의 금천교^{錦川橋}, 창경궁
의 옥천교^{玉川橋}가 그것입니다.

홍례문에서 바라볼 때 동쪽인 오른쪽 행랑에는 덕양문^{德陽門}을 냈고,
서쪽인 왼쪽 행랑에는 유화문^{維和門}을 내고 그 옆에 기별청^{奇別廳}을 두었
습니다. 유화문은 고관들이 회의를 하던 장소인 빈청^{實廳}으로 통하는 문
으로, 궁 밖의 관료들은 광화문, 홍례문, 유화문을 거쳐 빈청을 드나들

광화문과 근정문 사이의 홍례문. 일제가 조선총독부 청사를 건립한 자리다.

었습니다. 유화문 옆에 자그마하게 붙어 있는 기별청은 아침마다 승정원에서 처리한 일들을 기별지로 작성하여 배포하던 곳으로, 좋은 소식이 있을 때 기별이 왔다고 하는 것은 여기에서 연유된 것입니다.

동쪽에 일화문을, 서쪽에 월화문을 거느리고 회랑으로 둘러쳐진 근정문을 들어서니 조선의 법궁인 경복궁의 정전이 이중월대 위에 위용을 자랑하며 우뚝 서 있습니다.

근정전 앞 넓은 뜰에는 삼도와 양옆으로 품계석이 일렬로 늘어서 있고, 그 주위에는 다듬지 않은 박석이 깔려 있습니다. 박석을 사용한 것은 햇빛의 반사를 막고 미끄러짐을 방지하기 위해서입니다. 박석이 깔린 마당을 조정^{朝廷}이라고 부르는데, 내각이나 정부를 뜻하는 권력기관의 다른 이름으로 불리기도 합니다. 이곳에서는 매달 5일, 11일, 21일, 25일에 조회^{朝會}가 열렸습니다. 국가의 삼명절인 정월초하루, 임금 및 왕비의 생신날 그리고 동짓날에 하례를 드리는 조하^{朝賀} 의식도 이곳에서 열렸습니다. 임금의 즉위식도 거행되었습니다. 정종, 세종, 단종, 세조, 성종, 중종, 명종, 선조 등 여덟 분이 이곳에서 등극하였습니다.

자세히 살펴보면 조정은 북쪽보다 남쪽이 1미터 정도 낮은 형태를 이루고 있습니다. 이는 배수 문제를 해결하기 위한 것으로, 넓은 뜰에 따로 하수도를 설치하지 않아도 박석 사이의 골을 따라 물이 남쪽으로 흘러내립니다.

근정전의 조정은 박석, 품계석, 이중월대 모두 석물로 이루어졌는데, 석물 사이에 세 종류의 쇠붙이가 있습니다. 하나는 박석에 박힌 쇠로 만든 고리로 차일을 칠 때 사용하였습니다. 다른 하나는 근정전의 이중월대 상단에 놓여 있는 청동항아리입니다. 이는 향로가 아니라 왕권을 상징하는 정^鼎으로, 다리가 셋이라서 삼정^{三鼎}이라고 부릅니다. 나머지 하나는 이중월대 하단 동쪽 귀퉁이에 있는 가마솥 같은 커다란 철물입니다. 우리말로 '드므'라고 하며, 이곳에 물을 담아 놓아 화마火魔가 물에 비친 자기 형상을 보고 놀라 달아난다는 비보裨補적인 바람이 담겨 있습니다. 왕권의 상징인 정鼎은 조선시대의 법궁인 경복궁의 근정전과 대한제국의 법궁인 경운궁의 중화전에만 비치되어 있고, 다른 궁궐에서는 찾아볼 수 없습니다.

근정전 뒤편 사정문과 사정전思政殿이 위치하고 있는 곳은 편전으로 임금이 집무를 보던 곳입니다. 왕으로 하여금 깊이 생각해 정사를 펼칠 것을 촉구하는 뜻에서 사정전이라 하였다고 합니다. 사정전 양쪽에는 사정전을 보좌하는 소편전이 있습니다. 동쪽에는 주로 봄에 사용했던 만춘전이, 서쪽에는 가을과 겨울에 사용했던 천추전이 자리하고 있습니다. 사정전은 온돌을 놓지 않았기 때문에 겨울에 거처하기에는 불편

법궁의 정전에 놓여 있는 왕권의 상징인 삼정.

(위) 임금의 침전인 강녕전 안에 있는 우물.
(아래) 교태전 뒤에 있는 인공산인 아미산. 경회루 연못을 팔 때 나온 흙을 쌓아 만들었다.

해, 온돌을 갖춘 두 개의 부속건물을 두었습니다.

사정전 뒤에는 향오문을 통하여 들어갈 수 있는 왕의 침전인 강녕전이 있습니다. 향오는 오복을 향해 나아간다는 뜻으로, 오복은 수壽, 부富, 강녕康寧, 유호덕攸好德, 고종명考終命을 일컫습니다. 오복 중에서 세 번째 강녕을 따와 침전 이름을 지었습니다.

강녕전 건물에는 용마루가 없습니다. 그곳에 잠을 자는 사람이 바로 용이기 때문에 또 다른 용이 필요하지 않았을 것입니다. 강녕전은 전각의 규모에 어울리지 않게 월대가 무척 높고 넓은데, 임금의 침소 앞뜰에서도 통치행위가 이루어졌다는 증좌입니다. 왕비와 세자가 석고대죄를 청하던 곳이기도 하고, 임금의 잘못된 정책에 대해 조정 대신들이 목숨을 내놓고 읍소하던 곳도 강녕전 월대였습니다.

강녕전을 에워싸듯이 사방에 소침전이 서로 마주보고 있는데, 동쪽의 연생전은 서쪽을 향하고, 서쪽의 경성전은 동쪽을 향하고, 연생전의 북쪽에는 연길당, 경성전의 북쪽에는 응지당이 남쪽을 향하고 있습니다. 원래는 다섯 전각이 모두 회랑을 통해 이어져 있었다고 합니다.

강녕전을 지나 양의문兩儀門을 들어서면 교태전交泰殿이 나타나는데, 내명부를 총괄하던 왕비가 일을 보는 전각과 침전으로 이루어져 있습니다. 중궁中宮 또는 중전中殿이라고도 하며, 이런 연유로 왕비를 중전이라고도 달리 부릅니다.

'양의'와 '교태'는 음양의 조화와 남녀의 교합을 의미하며, 음양이 잘 조화를 이루어 순조로운 생산이 되기를 기원하는 의미가 담겨 있습니다. 특히 '태泰'는《주역》64괘 중에서 하늘, 남자, 상승을 의미하는 건乾괘 셋이 아래에 있고, 땅, 여자, 하강을 의미하는 곤坤괘 셋이 위에 있는 모양으로, 땅의 기운이 하강하고 하늘의 기운이 상승하여 천지음양

담장을 장식한 꽃 문양과 글자 문양.

의 기운이 화합함으로써 만물이 생성 번영한다는 것을 뜻합니다.

교태전은 원길헌, 함홍각, 건순각 등의 부속건물을 거느리고 있습니다. 후원에는 경회루 연못을 판 흙으로 가산假山인 아미산을 쌓았습니다. 아미산 위쪽에 큰 나무들을 심고, 아래쪽에는 화계花階를 만들었습니다. 화계 한가운데 서 있는 육각형의 큰 굴뚝 4개에는 각 면마다 십장생, 사군자, 만자문卍字紋, 봉황, 당초문 등의 아름다운 문양이 장식되어 있습니다.

왕비의 침전인 교태전 뒤에 굳이 가산을 만든 이유는 무엇일까요? 우리의 전통적인 풍수인식에 의하면 백두산의 정기가 산줄기를 따라 방방곡곡으로 뻗어나간다고 생각하기 때문에, 왕비가 백두산에서부터 이어져온 정기를 받아 왕자를 순산함으로써 왕실을 번영케 하라는 뜻

이 숨겨져 있습니다.

　근정전 동쪽에는 세자와 세자빈의 생활공간인 동궁東宮이 자리하고 있습니다. 동궁은 세자와 세자빈의 생활공간인 자선당資善堂, 세자가 신하들과 나랏일을 의논하던 비현각丕顯閣, 세자의 교육이 이루어지던 세자시강원, 세자의 경호업무를 맡았던 세자익위사로 이루어져 있습니다. 동궁의 정문은 중광문重光門입니다.

　자선당은 일제가 경복궁을 훼멸시킬 때 그 재목들이 오쿠라라는 일본인에게 팔려 일본 도쿄에서 조선관이라는 사설박물관으로 존재하다가 1923년 관동대지진 때 모두 소실되었습니다. 검게 그을린 주춧돌만 오쿠라 호텔 정원에 남아 있던 것을 1995년 국내로 들여와 지금은 자경전 밖 한쪽에 놓여 있습니다.

동궁 북쪽에는 궁궐에 필요한 음식을 장만하던 소주방^{燒廚房}이 최근 복원되었는데, '불을 때서^燒 조리하는 주방^廚'이라는 의미입니다. 왕과 왕비의 수라를 장만하는 내소주방인 수라간^{水剌間}, 궁궐의 크고 작은 잔치상과 차례상을 준비하는 외소주방인 난지당^{蘭芝堂}, 다과와 간식을 마련하는 생물방인 복회당^{福會堂}의 세 구역으로 나뉘어 있습니다.

경복궁에는 소주방 건물이 여러 곳에 있었으며, 복원된 건물은 대전^{大殿}에 속한 소주방입니다. 조선의 왕은 보통 하루에 다섯 끼를 먹었습니다. 오전 10시의 12첩 반상 아침수라와 오후 5시의 저녁수라를 주식으로 삼고, 오전 7시에는 흰 쌀죽과 반찬이 놓인 죽수라상, 오후 1시와 밤 9시에는 국수를 위주로 한 반과상을 차렸습니다.

교태전을 나서면 동궁 북쪽에 고종의 양모인 조대비를 위해 청련루 터에 건립한 자경전이 위용을 뽐내고 있습니다. 경복궁에서 연침^{燕寢}에 해당되는 강녕전, 교태전, 자경전 중 중건 당시의 모습으로 남아 있는 유일한 건물입니다. 1917년 창덕궁에 화재가 나자 일제는 경복궁 전각들의 재목을 창덕궁 복원에 사용하였는데, 강녕전을 헐어 희정당을, 교태전을 헐어 대조전을 복원하였습니다. 지금의 강녕전과 교태전은 1990년대에 중건한 것입니다.

궁궐에서 자경전은 임금의 어머니 또는 할머니 등 여성들이 주거하는 공간을 일컫습니다. 정조가 즉위하면서 어머니 혜경궁 홍씨를 위해 창경궁에 자경전을 지으면서 비롯되었으며, 자경^{慈慶}은 임금의 어머니와 할머니 등 여자 쪽 어른들에게 경사가 있기를 바란다는 뜻입니다.

자경전은 경복궁 창건 때는 없던 건물로 흥선대원군이 경복궁을 중건할 때 고종의 양어머니가 된 조대비를 위해 특별히 지은 것입니다.

겸재 정선이 그린 〈경복궁〉. 영조 때의 모습으로 폐허가 된 채 방치된 모습이다.

정문을 만세문萬歲門이라 이름 짓고, 담장은 아름다운 꽃담으로 장식하였습니다. 뒤뜰에는 불로장생을 기원하는 십장생 굴뚝과 불가사리 같은 벽사辟邪를 상징하는 동물을 벽돌에 구워 새겨 넣었습니다.

교태전 뒤편에 있는 조대비가 승하한 흥복전興福殿 구역은 상궁들의 침전 영역으로, 흥복전을 광원당, 영훈각, 다경각, 집경당, 함화당 등의 건물이 둘러싸고 있었습니다. 지금은 집경당과 함화당만 세 칸의 복도각으로 연결되어 쓸쓸히 남아 있으며, 흥복전은 복원공사 중입니다.

건청궁乾淸宮은 고종이 아버지 대원군으로부터 자유로워지고 싶어 내탕금으로 지은 궁궐 안의 궁궐입니다. 경복궁의 북쪽 끝에 위치하고 있으며, 고종이 머물렀던 사랑채 장안당長安堂, 명성왕후가 머물렀던 안채 곤녕합坤寧閤, 그리고 행랑채로 이루어졌습니다. 건축양식이 일반 사대부 집 같은 게 특징입니다. 명성황후는 곤녕합의 옥호루玉壺樓에서 일본 낭인들에게 시해되어 옆에 있는 녹산鹿山에서 불태워졌습니다.

경복궁에는 두 곳의 연못에 두 개의 정자가 있습니다. 하나는 강녕전과 근정전 옆에 자리한 35칸 규모의 팔작지붕 중층건물인 경회루慶會樓이고, 다른 하나는 건청궁 앞에 정육각형 모지붕을 하고 있는 중층건물 향원정香遠亭입니다.

경회루는 웅장하고 남성적이며, 향원정은 아담하고 여성적입니다. '경회慶會'는 '임금과 신하가 덕德으로 만난다'는 뜻으로 나라에 경사가 있을 때나 외국 사신에게 연회를 베풀던 공적 공간입니다. '향원香遠'은 '향기는 멀수록 더욱 맑아진다香遠益淸'는 뜻으로 임금이 휴식을 취하는 사적 공간입니다.

건청궁 서쪽에 있는 집옥재, 협길당, 팔우정은 당초 창덕궁 함녕전의 별당으로 지은 건물이었으나, 1888년 고종이 창덕궁에서 경복궁으

로 거처를 옮기면서 이들 전각을 옮겨왔습니다. 고종은 이 건물들을 어진의 봉안 장소와 서재 겸 외국사신 접견장소로 사용하였습니다. 이 3채의 건물은 중국 양식으로 지어졌는데, 당시 신식이라고 생각되던 중국풍을 받아들인 것으로 생각됩니다. 집옥재 현판을 송나라 명필인 미불米芾의 글씨를 집자하여 만든 것도 이런 연유 때문입니다.

　경복궁의 서북쪽에는 빈전殯殿이나 혼전魂殿, 영전靈殿 같은 제사와 관련된 전각들이 자리 잡고 있었습니다. 빈전은 돌아가신 분의 관을 모셔두는 곳이고, 혼전은 종묘에 모실 때까지 2년 동안 위패를 모시는 곳이며, 영전은 돌아가신 분의 초상화를 모시고 제사를 지내는 곳입니다. 복원된 태원전泰元殿은 태조 이성계의 초상화를 모시던 건물입니다.

경회루 남쪽에 있는 수정전은 세종 때는 학문을 논하고 한글을 창제한 집현전으로, 세조 때는 예문관으로, 갑오경장 때는 군국기무처로, 그 이후에는 내각으로 사용되었습니다.

경복궁의 네 개의 문은 드나드는 사람들이 달랐습니다. 정문인 광화문은 임금의 행차나 사신들이 주로 드나들었고, 건춘문으로는 왕실의 종친들이 주로 드나들었고, 영추문으로는 문무백관이 주로 드나들었으며, 북문은 특별한 일이 없는 동안에는 사용하지 않았습니다. 이런 연유로 종친부는 건춘문 밖에 자리 잡고 있습니다.

안동별궁을 거쳐 갑신정변의 현장으로

종친부는 조선 역대제왕의 어보와 어진을 보관하고, 왕과 왕비의 의복을 관리하며, 종친간의 분규를 의논 감독하고, 종실제군의 봉작封爵, 승습承襲, 관혼상제 등의 사무를 맡아 보았습니다. 종친부 옆에 있던 의빈부儀賓府는 공주, 옹주, 군주郡主, 현주縣主 등과 혼인한 부마駙馬에 관한 일을 관장했습니다.

감고당感古堂은 숙종이 인현왕후의 친정을 위하여 지어준 집으로, 인현왕후는 폐위된 다음 이곳에서 거처하였습니다. 이후 대대로 민씨가 살았는데, 명성황후는 1866년(고종 3) 이곳에서 왕비로 책봉되었습니다. 왕비가 된 명성황후가 과거 인현왕후의 일을 회상하여 '감고당'이란 이름을 붙였는데, 본래 안국동 덕성여고 자리에 있었습니다. 나중에 여주시의 명성황후 유적 성역화 사업에 따라 여주 명성황후의 생가 옆으로 이전되었습니다.

안동별궁安洞別宮은 풍문여고 자리에 있었던 조선시대의 별궁입니다. 이곳은 조선 초부터 명당으로 여겨져 왕실에서 소유한 땅입니다. 세종 때는 왕자 영응대군의 저택이었고, 성종의 형인 월산대군이 살기도 했습니다. 월산대군이 그 집에 정자를 세우자 성종은 풍월정이란 이름을 내려줄 정도로 관심을 가졌습니다. 인조 때는 정명공주와 남편 홍주원이 소유하며 헐리게 된 인경궁의 자재 약 170칸 분을 이용해 집을 크게 넓혔습니다.

적장자를 얻어 매우 기뻤던 고종은 원자의 왕세자 책봉과 동시에 이곳에 가례소를 마련하기 위해 왕실 직속 별궁으로 고쳤습니다. 이때부터 안국방의 소안동에 있다고 안동별궁으로 불렀습니다. 이곳에서 1882년 왕세자 이척(순종)과 세자빈 민씨(순명효황후)가 가례를 올렸습니다. 순명효황후가 사망한 다음 황태자 이척은 1906년 새 황태자비 윤씨(순정효황후)와 두 번째 가례를 치렀는데, 그때 가례도감이 설치된 곳 역시 안동별궁이었습니다.

1910년 경술국치 이후에는 한때 상궁들이 모여 살았습니다. 1937년 명성황후의 먼 일족이자 휘문고등학교 설립자 민영휘의 아내 안유풍이 당시 돈 30만 환으로 부지와 건물을 매입해 경성휘문소학교를 세웠습니다. 7년 뒤 그들의 증손자 민덕기가 폐교된 다른 여학교 학생들을 인수해 증조모의 이름 '풍'과 휘문의 '문'을 따 풍문여학교를 설립하였습니다.

주요 건물들은 풍문여학교가 들어선 뒤에도 한동안 제자리에 남아 있었으나, 건물 신축을 위해 정화당과 경연당, 그리고 현광루를 해체해 다른 곳으로 매각하였습니다. 정화당은 우이동으로 이전된 뒤 요정 선운각이 되었다가 현재는 메리츠화재 연수원으로 사용되고 있습니다.

우정총국 건물. 우정국 개업 축하연 자리에서 갑신정변이 시작되었다.

현광루와 경연당은 풍문학원 이사장 민병도의 개인 별장과 자신이
회장으로 있던 경기도 고양시 한양컨트리클럽 골프장 내 건물로 사용
되다가 문화재청에서 매입하여 현재는 충청남도 부여 한국전통문화대
학교 경내로 옮겨졌습니다. 민병도가 설립한 또 다른 관광지 남이섬 유
원지 동쪽 끝에 있는 '정관루'라는 목조 건물이 안동별궁의 건물 일부
라는 설이 있으나, 아직 확실하게 결론이 나지는 않았습니다.

우정총국郵征總局은 1884년(고종 21) 기존의 역참제도 대신 근대적
통신제도인 우편사무를 관장하기 위하여 전의감 자리에 설치한 관서

로 홍영식이 초대 우정총판에 임명되었습니다. 1884년 12월 4일 우정국의 개업을 알리는 축하연 자리에서 갑신정변^{甲申政變}이 일어났습니다.

그 여파로 고종은 교지를 내려 개국한 지 5일 만인 12월 8일 우정총국을 폐지하였습니다. 그리하여 1895년 서울과 인천에 우체사^{郵遞司}가 설치될 때까지 10년 동안 다시 역참제도를 사용하였습니다.

동궐,
대한제국의 멸망을
이야기하다

기행 코스

한양도성의 좌청룡 산줄기에 솟아 있는 응봉이 부려놓은
창덕궁, 창경궁, 종묘와 한옥의 형태가 남아 있는 익선동 한옥 골목,
그리고 흥선 대원군이 와신상담하며 왕권의 회복을 꿈꾼 운현궁을
둘러보는 일정

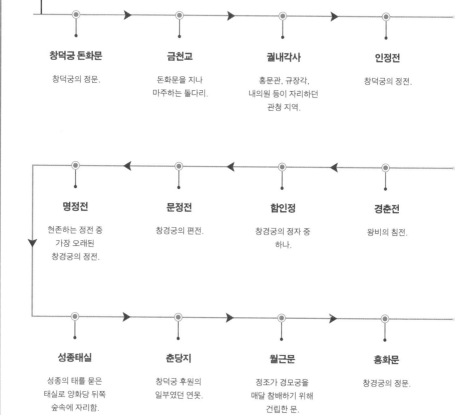

창덕궁 돈화문

창덕궁의 정문.

금천교

돈화문을 지나
마주하는 돌다리.

궐내각사

홍문관, 규장각,
내의원 등이 자리하던
관청 지역.

인정전

창덕궁의 정전.

명정전

현존하는 정전 중
가장 오래된
창경궁의 정전.

문정전

창경궁의 편전.

함인정

창경궁의 정자 중
하나.

경춘전

왕비의 침전.

성종태실

성종의 태를 묻은
태실로 양화당 뒤쪽
숲속에 자리함.

춘당지

창덕궁 후원의
일부였던 연못.

월근문

정조가 경모궁을
매달 참배하기 위해
건립한 문.

홍화문

창경궁의 정문.

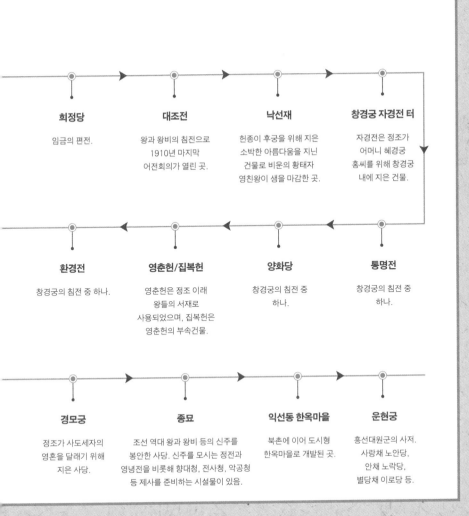

희정당

임금의 편전.

대조전

왕과 왕비의 침전으로
1910년 마지막
어전회의가 열린 곳.

낙선재

헌종이 후궁을 위해 지은
소박한 아름다움을 지닌
건물로 비운의 황태자
영친왕이 생을 마감한 곳.

창경궁 자경전 터

자경전은 정조가
어머니 혜경궁
홍씨를 위해 창경궁
내에 지은 건물.

환경전

창경궁의 침전 중 하나.

영춘헌/집복헌

영춘헌은 정조 이래
왕들의 서재로
사용되었으며, 집복헌은
영춘헌의 부속건물.

양화당

창경궁의 침전 중
하나.

통명전

창경궁의 침전 중
하나.

경모궁

정조가 사도세자의
영혼을 달래기 위해
지은 사당.

종묘

조선 역대 왕과 왕비 등의 신주를
봉안한 사당. 신주를 모시는 정전과
영녕전을 비롯해 향대청, 전사청, 악공청
등 제사를 준비하는 시설물이 있음.

익선동 한옥마을

북촌에 이어 도시형
한옥마을로 개발된 곳.

운현궁

흥선대원군의 사저.
사랑채 노안당,
안채 노락당,
별당채 이로당 등.

임진왜란 이후의 정궁은 창덕궁

한양 도성은 좌청룡의 산세가 우백호에 비하여 몹시 약한데, 다행히도 산세가 허약한 좌청룡 산줄기에 예사롭지 않은 봉우리가 하나 솟아 있으니 이를 매봉우리, 즉 응봉應峯이라고 합니다. 응봉의 산세는 도성 안쪽인 남쪽으로 힘차게 뻗음을 이어가면서 동궐東闕인 창덕궁, 창경궁과 국립대학인 성균관, 그리고 역대왕의 위패를 모신 종묘宗廟를 품고 있습니다. 아쉽게도 지금의 응봉 정상에는 군부대가 들어서 있습니다.

궁궐은 그 역할에 따라 다양하게 불리는데, 임금이 상주하면서 통치행위를 하는 곳을 정궁正宮이라고 합니다. 조선시대는 양궐 체제로, 임진왜란 이전까지는 북궐인 경복궁이, 그 이후에는 동궐인 창덕궁이 정궁의 역할을 담당했습니다. 창덕궁은 임진왜란 이후에 세워진 것이 아니고, 조선 초기에 태종 이방원에 의해 이궁으로 작게 건립된 궁궐입니다.

조선을 세운 태조 이성계는 한양에 경복궁을 세우고 마침내 한양으로 천도하여 힘찬 첫걸음을 내디뎠습니다. 하지만 이방원에 의해 자행된 1차 '왕자의 난'으로 태조의 두 번째 부인인 신덕왕후의 두 아들 방번과 방석 그리고 이들을 지원하던 개국공신 정도전 등을 참살하는 비극이 벌어지자, 태조는 둘째 아들 정종에게 왕위를 물려주고 상왕上王의

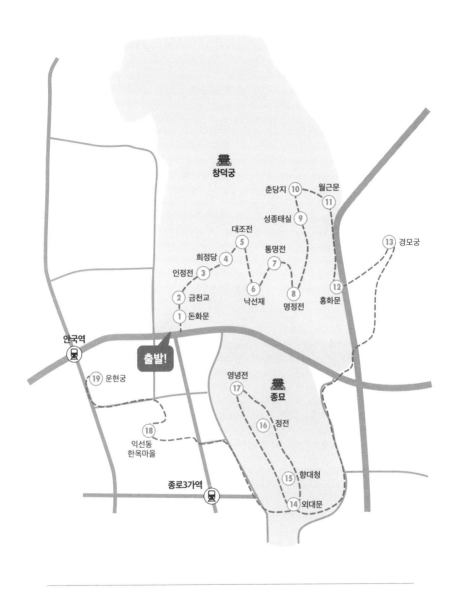

창덕궁의 정문인 돈화문에서 시작하여 창덕궁과 창경궁을 차례로 답사합니다.
이어 경모궁을 거쳐 종묘, 그리고 익선동 한옥마을과 운현궁을 둘러봅니다.

원서동에서 바라본 창덕궁.

자리로 물러납니다.

왕위에 오른 정종은 피비린내 나는 경복궁이 싫어서 개경 근처에 있는 생모 신의왕후의 묘를 참배하고는 그대로 개경에 눌러 앉았습니다. 개경환도가 된 것입니다.

이방원은 경쟁관계에 있던 형 방간을 제거하는 2차 '왕자의 난'을 일으켜 스스로 세자가 됨으로써 실질적으로 모든 권력을 장악합니다. 그리고 정종에게서 왕위를 물려받은 다음 바로 한양천도를 단행합니다.

그런데 경복궁으로 가지 않고 새롭게 이궁을 하나 더 지어 창덕궁이라 명명하고 그곳으로 이어移御하였습니다. 아마도 1차 왕자의 난 때 많은 사람을 참살한 현장인 경복궁이 꺼림칙했을 것입니다. 태종의 뒤를 이어 등극한 세종 때 다시 경복궁으로 이어하여 마침내 경복궁이 정궁으로서 역할을 하게 된 것입니다.

임진왜란이 일어나자 당시의 3대 궁궐인 경복궁, 창덕궁, 창경궁이 모두 불타버렸습니다. 한양으로 돌아온 선조는 머무를 곳이 마땅치가 않아 임시방편으로 월산대군의 사저였던 정릉동 행궁에 임시 거처를 정하고 궁궐 중건사업에 착수하였습니다.

복원 대상은 당연히 조선의 정궁인 경복궁이 되어야 했으나, 풍수가들이 경복궁은 불길하니 창덕궁을 중건하여야 한다고 주장함에 따라 창덕궁을 복구하게 되었습니다. 선조는 창덕궁의 복원을 보지 못한 채 세상을 떠났습니다. 뒤를 이어 왕위에 오른 광해군은 창덕궁과 창경궁의 복구를 완료하고, 선조가 머물던 정릉동 행궁을 경운궁이라 이름 짓고는 창덕궁으로 이어하였습니다.

이때부터 창덕궁은 고종에 의해 경복궁이 중건될 때까지 조선의 또

(위) 멀리 보현봉을 배경으로 우뚝 선 창덕궁의 정문 돈화문.
(아래 왼쪽) 창덕궁의 궐내각사. (아래 오른쪽) 창덕궁의 정전인 인정전.

창덕궁의 임금 집무실 선정전.

하나의 정궁으로서 역사의 중심에 서게 되었습니다.

광해군은 창덕궁을 복원해놓고도 그곳에 오래 머물지 않고, 경운궁과 창덕궁 사이를 수시로 오갔습니다. 더 나아가 재정 상태가 어려운데도 왕기가 서려 있다는 인왕산 아래 경덕궁慶德宮(지금의 경희궁)과 인경궁仁慶宮을 새로 짓는 등 궁궐 짓기에 몰두하였습니다.

이처럼 새로운 궁궐을 무리하게 많이 지은 이유는 정비의 소생이 아닌 첩빈寵嬪의 소생이라는 출생의 약점과 장자가 아닌 차자로서 왕위를 계승하는 과정에서 겪은 우여곡절 때문에 군왕의 권위를 세우려 그랬던 것 같습니다. 또한 임진왜란 때 왕세자로서 분조分朝(선조가 망명을 준비하면서 광해군에게 종묘사직을 받들어 나라를 다스리라는 명을 내림에 따라 만들어진 소조정小朝廷)를 이끌며 겪었던 많은 어려움들로 인해 성격이 예민해지고 소심해져서 이를 극복해보려는 뜻도 있었습니다.

그러나 출생의 약점으로 말미암은 안정되지 않은 정신 상태는 급기야 정비 소생의 이복동생인 영창대군을 강화도에 안치시켰다가 죽음으로 몰았고, 영창대군의 생모인 인목대비를 경운궁에 유폐시켰으며, 인목대비의 아버지 김제남을 사사賜死하였습니다. 뿐만 아니라 궁궐을 새로 짓고자 무리하게 재정을 조달하여 백성들의 고통을 가중시켰습니다. 이러한 이유가 빌미가 되어 서인들이 일으킨 인조반정으로 광해군은 결국 강제로 왕위에서 물러나게 되었습니다. 이렇듯 새로 지은 정궁의 첫 주인은 참혹하게 그 권좌를 찬탈당하고 말았습니다.

일본은 헤이그 밀사 사건을 빌미로 고종을 강제 폐위시키고, 황태자인 순종으로 하여금 황위를 잇게 하였습니다. 그리고 한일합방(1910년)에 이르는 조선에 대한 강제침탈을 완성하게 됩니다.

조선의 모든 주권을 침탈한 일본은 명목상의 황제인 순종을 창덕궁에 꼭두각시로 앉혀놓고 모든 권력을 농단하였습니다. 이때 창덕궁의 전각들은 태반이 훼멸되었고, 남은 전각들도 일본 관리들의 향응을 위한 장소로 탈바꿈하였습니다. 차량 통행을 위해 대부분의 계단을 흙으로 덮고 자동차가 정차할 수 있도록 전각의 출입문 앞에 지붕이 달린 현관을 달아내는 등 궁궐의 구조와 형태를 훼손하였습니다.

뿐만 아니라 임금만이 노닐 수 있었던 후원後園을 일반인에게 공개 관람시킴으로써 조선왕실의 위엄을 실추시켰는데, 그나마 마지막 임금인 순종이 승하하자 창덕궁은 주인 잃은 궁궐로 쓸쓸히 남게 되었습니다.

창덕궁은 이궁으로 창건되었으나 임진왜란 이후에는 조선의 정궁

(위) 정조 치세의 중심을 이루었던 규장각.
(아래) 규장각의 정문 어수문.

창덕궁 후원 안에 있는 반가班家 연경당.

으로서 역할을 하였으며, 격변하는 역사의 중심에 서서 사육신의 참변,
연산군과 광해군의 패륜, 인조반정, 임오군란, 갑신정변 그리고 조선왕
조의 마지막 어전회의를 묵묵히 지켜보았습니다.

　같은 정궁이지만 경복궁과 창덕궁은 그 전각의 배치가 확연히 다릅
니다. 경복궁이 중국의 법식에 맞게 정문, 중문, 정전, 편전, 침전이 남
북 직선축 상에 대칭으로 자리 잡은 인위적인 공간배치인 반면에, 창덕
궁은 모든 전각들이 지형조건에 맞게 비대칭으로 자리 잡은 자연스러
운 공간배치입니다.

동궐, 대한제국의 멸망을 이야기하다　　55

창경궁의 슬픈 역사: 궁궐에서 유원지로

　창경궁昌慶宮은 태종이 세종에게 왕위를 물려주고 상왕으로 물러나 지금의 창경궁 자리에 수강궁壽康宮을 짓고 산 것이 그 연원입니다. 성종은 주로 창덕궁에 거주하며 정사를 보았습니다만, 이궁으로 사용하였기 때문에 정궁인 경복궁보다는 무척 비좁았습니다.

　당시 성종이 왕위에 올랐을 때는 할머니 세조 비 정희왕후, 어머니

소혜왕후, 작은 어머니 예종의 계비 안순왕후 등 세 분의 대비가 생존해 있었습니다. 이들을 위한 처소가 따로 필요해 창덕궁에 붙어 있는 수강궁 터에 새롭게 지은 것이 별궁 창경궁입니다. 임진왜란 이후 창덕궁이 정궁의 역할을 할 때, 바로 옆에 붙어 있는 창경궁도 정궁의 보조 역할을 담당하며 당당히 정궁의 일부가 되었습니다.

창경궁은 임진왜란 때 모두 소실되어 광해군 때 중건하였고, 다시 인조 때 이괄의 난으로 대부분의 전각들이 불탔으나 광해군이 인왕산

창덕궁 후원의 아름다운 정자들.

창덕궁 후원의 춘당지. 지금은 창경궁에 속해 있다.

아래 지어놓고 사용하지 않은 인경궁 전각들의 목재를 활용하여 다시 지었습니다.

창경궁에서도 여러 사건이 일어났습니다. 숙종 대에는 인현왕후와 장희빈의 갈등과 반목의 현장이었습니다. 낙선재 부근에 있던 취선당은 장희빈이 왕비인 인현왕후를 저주하던 곳이었습니다. 영조 대에 사도세자가 뒤주에 갇혀 죽은 비극의 현장도 바로 창경궁인데, 사도세자가 뒤주에 갇혀 8일간의 지옥 같은 고통을 겪었던 곳은 문정전 앞뜰입니다. 조선 후기 헌종 때 건립된 낙선재는 본래 창경궁의 일부였습니다만, 새로이 담장을 쌓아 창덕궁의 일부가 되었습니다.

창경궁은 고종 대까지는 본래의 모습을 유지해왔으나, 을사늑약 이후 일본은 궁궐 전체를 공원화하였습니다. 경술국치 이후에는 이름

창덕궁과 창경궁을 부감 구도로 그린 〈동궐도〉.

마저 창경원으로 바꾸고, 일본산 사꾸라를 심고, 심지어는 동물원까지 조성하여 유원지로 만들어버렸습니다. 창덕궁 후원의 일부였던 춘당지春塘池는 크게 확장되면서 창경궁에 속한 뱃놀이 공간으로 변모하였습니다.

창경궁의 정문인 홍화문弘化門을 마주보고 있는 서울대학교 병원 언덕배기는 함춘원含春苑이 있던 곳입니다. 함춘원이란 궁궐에 인접해 있는 작은 언덕으로, 궁궐에 딸린 나라의 동산을 말합니다. 이곳에 울타리를 두르고 백성들의 출입을 금하였으며, 나무를 심고 가꾸었습니다. 궁궐 가까이에 있는 동산에 오르면 궁궐 안이 훤히 들여다보이므로, 이를 막기 위해 취한 조치입니다.

이러한 함춘원은 창경궁의 동쪽인 지금의 서울대학교 병원 자리, 창덕궁 서쪽이면서 경복궁 동쪽인 지금의 북촌 일대의 언덕배기, 경희궁 남쪽이면서 경운궁 서쪽인 러시아 공사관 자리의 세 곳에 있었습니다.

북촌 일대는 일제강점기 때 조그마한 한옥을 다닥다닥 지어서 그 원형을 찾아보기 힘들게 되었고, 러시아 공사관 자리는 상림원이라는 이름으로 아파트 단지가 들어서 있으며, 서울대학교 병원 자리는 함춘회관이라는 건물 이름으로 그 내력이 지금까지 전해져오고 있습니다.

이곳 함춘원에는 경모궁景慕宮이라는 또 다른 사적이 하나 남아 있는데, 정조가 비참한 죽음을 맞이한 아버지 사도세자의 영혼을 달래기 위해 지은 사당입니다. 정조는 창덕궁과 창경궁에 머물면서 경모궁에 지름길로 가기 위해 경모궁과 가장 가까운 곳에 새로 문을 내고, 매달 찾아뵙는다는 마음을 담아 문 이름을 월근문月覲門이라 지었습니다.

1900년 고종은 경모궁에 모신 사도세자와 혜경궁 홍씨의 위패를 종묘에 함께 봉안하고, 경모궁 터에 목멱산 자락(현 중부경찰서)에 있던 영희전永禧殿을 옮겨왔습니다. 영희전은 몰락하는 대한제국의 위엄을 나타내려는 의도였는지, 그 규모가 창덕궁 선원전璿源殿을 능가하였습니다. 중심부에는 어진을 모신 36칸의 정전이 있고, 위패와 영정을 임시로 보관하는 이안청이 있었습니다. 또 왕과 세자의 임시거처인 어재실과 예재실을 비롯해 다수의 부속건물을 두었습니다.

각 건물들은 별도의 담장을 두었는데 정전의 출입구인 신문神門을 포함해 모두 5개의 대문이 있었습니다. 경성제대 의학부와 부속건물이 건립되면서 정전 등 일부 건물을 제외하고 모두 철거됐으며, 한국전쟁 이후에는 완전히 자취를 감추게 됩니다.

종묘의 중심건물인 정전.

조선왕실의 신주를 모신 사당 종묘

　동궐인 창덕궁과 창경궁의 남쪽 담장 너머로 조선시대의 역대 왕과 왕비 그리고 추존왕과 추존왕비의 신주神主를 봉안한 사당인 종묘宗廟가 자리하고 있습니다. 창덕궁과 창경궁 그리고 종묘가 한울타리 안에서 문을 통하여 드나들 수 있었습니다만, 일제강점기 때 궁궐을 훼손하기 위해 종묘와 동궐(창덕궁, 창경궁) 사이에 신작로를 내면서 단절되었습니다. 그리하여 도로 위로 놓인 일본식 구름다리를 통해서만 왕래할 수 있었습니다. 다행히도 차가 다니는 도로를 터널로 덮고 그 위에 나무를 심어 동궐과 종묘를 잇는 복원사업이 진행 중입니다.

　종묘에는 신주를 모시는 곳이 두 곳인데, 정전正殿과 별묘別廟인 영녕전永寧殿입니다. 정전에는 19위의 왕과 30위의 왕후 등 49위를, 영녕전에

(위) 종묘 정전의 동월랑.
(아래) 종묘 정전 남쪽의 신문.

는 16위의 왕과 18위의 왕후 등 34위의 신주를 모시고 있습니다. 폐위되었다가 숙종 때 복위된 단종의 신주는 영녕전에 모셨으나, 폐위된 연산군과 광해군의 신주는 종묘에 봉안되지 않았습니다.

종묘의 정문은 외대문外大門으로 창엽문蒼葉門으로도 불립니다. 북문은 창덕궁의 동남 협문과 통하도록 하였습니다.

종묘 안에는 신주를 모신 건물 외에도 제사를 준비하는 많은 시설물들이 들어서 있습니다. 제례 때 임금이 머물면서 휴식을 취하는 망묘루望廟樓, 향축香祝과 폐幣와 제물을 보관하고 제관들이 대기하던 향대청香大廳, 제례를 올리기 전에 임금이 목욕재계하는 어숙실御肅室, 제례 때 사용하는 제물과 제기 그리고 운반기구 등을 보관하고 음식을 장만하던 전사청典祀廳, 제사를 담당하던 관원과 노비들이 거처하던 수복방守僕房, 제례 때 음악을 연주하는 악공들이 악기를 준비하고 대기하던 악공청樂工廳, 음식을 차리기 전에 제물을 심사하던 찬막단饌幕壇, 제례 때 사용할 물을 긷던 제정祭井, 제례 때 사용한 축祝과 폐를 불사르는 망료위望燎位 등입니다.

그리고 조선의 임금과 왕비가 아닌 다른 대상에게 제사를 지내는 공간도 있습니다. 역대 왕들의 배향공신配享功臣 83위를 모신 공신당功臣堂과 춘하추동 네 계절을 주관하는 신을 모시고 제사 지내는 칠사당七祀堂, 고려의 마지막 왕인 공민왕을 제사 지내는 공민왕 신당神堂이 그곳입니다.

종묘 바로 옆에 붙어 있는 익선동은 1930년대 주택경영회사를 운영하던 정세권이 북촌에 이어 두 번째 도시형 한옥마을로 개발한 곳입니다. 대지가 넓은 북촌에는 영호남의 지주들이 정착하여 부촌이 형성된 반면, 익선동은 15평 안팎의 작은 한옥들로 주로 서민들이 살았습니다.

한옥의 형태는 서민들의 삶에 맞게 변형된 퓨전 형식이었습니다. ㄱ자형, ㄷ자형, ㅁ자형 외에 지금의 아파트 평면처럼 네모난 모양도 있어, 일제강점기 시대의 변형된 다양한 모습의 한옥을 만날 수 있습니다. 지금은 한옥을 개축한 음식점, 카페, 빈티지 상점들이 들어서 젊은이들의 거리로 새롭게 태어났습니다.

흥선대원군의 사저인 운현궁雲峴宮은 그의 아들 고종이 출생하여 12세까지 성장한 곳입니다. 고종이 즉위하면서 임금의 잠저潛邸라는 이유로 '궁'의 명칭을 받게 되어 운현궁이라 불렸습니다. 구름재라는 뜻의 운현雲峴은 조선시대 서운관瑞雲觀(나중에 관상감으로 개칭됨) 앞의 고개를 가리키는데, 서운관이 있던 지금의 계동 현대사옥 앞 언덕배기가 구름재였습니다.

대원군이 즐겨 사용하던 아재당我在堂, 대원군의 할아버지 은신군과 아버지 남연군의 사당, 고종이 창덕궁에서 운현궁을 드나들 수 있도록 한 경근문敬覲門, 대원군 전용의 공근문恭覲門이 있었으나 모두 헐려 없어지고, 사랑채인 노안당老安堂, 안채인 노락당老樂堂, 별당채인 이로당二老堂만이 남아 있습니다.

또한 운현궁 동쪽에는 양관洋館도 있는데, 본래 대원군의 손자인 이준孝埈의 저택이었습니다. 1912년 무렵에 건립되었으나, 1917년 이준이 죽은 뒤 순종의 아우인 의친왕義親王의 둘째 아들 이우가 이어받았다가, 지금은 덕성여자대학교 건물의 일부로 쓰이고 있습니다.

목멱산이 부려놓은
한강변의 절경

기행 코스

목멱산이 한강변에 부려놓은 매봉산, 둔지산 산줄기에
기대고 있는 문화유적을 둘러보는 일정

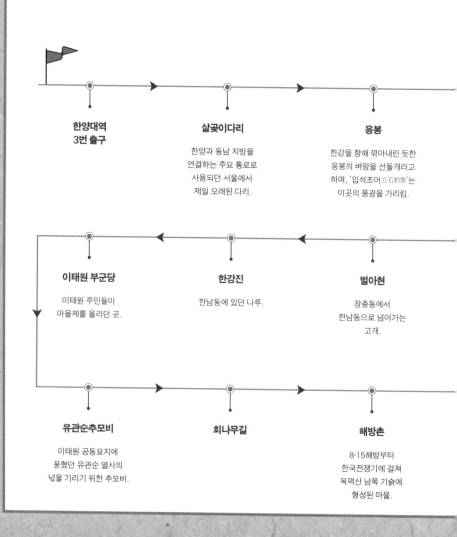

**한양대역
3번 출구**

살곶이다리

한양과 동남 지방을
연결하는 주요 통로로
사용되던 서울에서
제일 오래된 다리.

응봉

한강을 향해 깎아내린 듯한
응봉의 벼랑을 선돌개라고
하며, '입석조어立石釣魚'는
이곳의 풍광을 가리킴.

이태원 부군당

이태원 주민들이
마을제를 올리던 곳.

한강진

한남동에 있던 나루.

벌아현

장충동에서
한남동으로 넘어가는
고개.

유관순추모비

이태원 공동묘지에
묻혔던 유관순 열사의
넋을 기리기 위한 추모비.

회나무길

해방촌

8·15해방부터
한국전쟁기에 걸쳐
목멱산 남쪽 기슭에
형성된 마을.

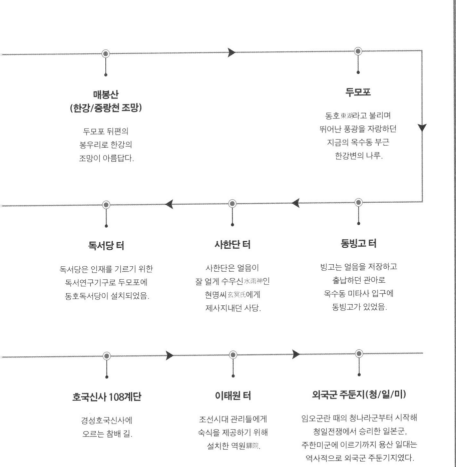

매봉산
(한강/중랑천 조망)

두모포 뒤편의
봉우리로 한강의
조망이 아름답다.

두모포

동호東湖라고 불리며
뛰어난 풍광을 자랑하던
지금의 옥수동 부근
한강변의 나루.

독서당 터

독서당은 인재를 기르기 위한
독서연구기구로 두모포에
동호독서당이 설치되었음.

사한단 터

사한단은 얼음이
잘 얼게 수우신水雨神인
현명씨玄冥氏에게
제사지내던 사당.

동빙고 터

빙고는 얼음을 저장하고
출납하던 관아로
옥수동 미타사 입구에
동빙고가 있었음.

호국신사 108계단

경성호국신사에
오르는 참배 길.

이태원 터

조선시대 관리들에게
숙식을 제공하기 위해
설치한 역원驛院.

외국군 주둔지(청/일/미)

임오군란 때의 청나라군부터 시작해
청일전쟁에서 승리한 일본군,
주한미군에 이르기까지 용산 일대는
역사적으로 외국군 주둔기지였다.

한양으로 가는 길, 살곶이다리와 전관원

한양의 안산案山에 해당하는 목멱산木覓山 산줄기는 동쪽으로 벌아현伐兒峴을 지난 다음 매봉산을 향해 차츰 그 높이를 낮추다가 응봉산을 거쳐 마침내 중랑천으로 숨어드는데, 그 끝자락에 살곶이다리가 놓여 있습니다. 남쪽으로는 보광동과 이태원을 지나 동빙고, 서빙고동으로 높이를 현저히 낮추어 마침내 반포대교 북단에서 한강으로 숨어들고, 서쪽으로는 해방촌을 지난 다음 둔지산에서 외국군 주둔지를 부려놓고 용산전자상가를 지나 원효대교 북단에서 한강으로 숨어듭니다.

조선시대 한양의 교통로는 도성을 나온 길이 성저십리를 지나 육로와 수로로 전국으로 연결되었는데, 그 길목에 청파역, 노원역의 2개의 역과 동대문 밖 보제원, 서대문 밖 홍제원, 남대문 밖 이태원, 광희문 밖 전관원의 4개의 원이 방향에 따라 배치되어 있었습니다.

원院은 공적인 임무를 띠고 지방에 파견되는 관리나 상인 등에게 숙식 편의를 제공하던 공공 숙박시설로 역驛과 함께 설치되었습니다. 삼국시대부터 우역郵驛을 설치하고 사신이 왕래하는 곳에 관館을 두었던 점으로 보아 이때부터 역원제도가 실시된 것으로 추정됩니다.

역은 나라의 공문서, 체전遞傳 등 공무로 여행하는 관리들의 숙박 편의를 도모하던 관영기관이었고, 원은 일반사람들이 이용하던 민영 숙

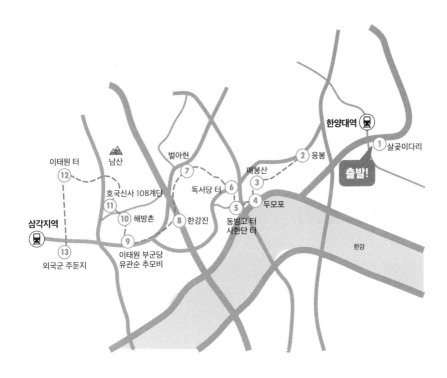

한양대역 인근의 살곶이다리에서부터 중랑천길을 따라 동호 일대의
두모포, 독서당 터를 향해 걷습니다. 벌아현을 지나 이태원과
용산 외국군 주둔지에서 우리 역사의 어두웠던 그림자를 만납니다.

서울의 다리 가운데 제일 오래된 살곶이다리.

박시설로 나라에서 토지만 제공하고 건물과 물자는 모두 지방유지가 맡아서 운영하였습니다.

원 제도는 고려시대에 처음 시작되었습니다. 해가 저물면 길손들을 묵어가게 하고, 병자에게 약을 나눠주기도 하고, 은퇴한 관리를 위해 기로연耆老宴을 베푸는 등 다양한 역할을 하였습니다. 특히 조선시대에는 한성부의 네 곳의 원과 동, 서 활인원活人院에 응급구제기관인 상설진 제장이 설치되기도 하였습니다.

조선시대에는 1,310개소의 원이 설치되었습니다. 해당지역에 원우院宇를 짓고 서울지역은 5부, 지방은 수령이 인근 주민 가운데서 승려, 향리, 관리를 원주院主로 임명했으며, 이들에게 잡역을 면제해주는 대신 원 운영의 책임을 맡겼습니다.

원은 사용자가 제한되었기 때문에 점차 쇠락하여 공용여객의 숙식을 고을이나 역에서 담당하는 사례가 많았습니다. 임진왜란 이후에는 주막으로 변모하기도 하였으며, 특히 역에 참점站店이 설치됨으로써 원은 그 모습을 감추고 지명만으로 남게 되었습니다. 동대문 밖 보제원, 서대문 밖 홍제원, 남대문 밖 이태원 등이 그것입니다.

전관원은 도성 문을 닫는 인정人定 종이 울리기 전에 도성으로 들어갈 수 없게 된 나그네와 도성 문이 열리는 파루罷漏 종 시간보다 더 이른 새벽에 곧장 대재나루를 건너 지방으로 가려는 나그네들이 묵어가던 여관으로, 지금의 행당중학교 자리에 있었습니다.

중랑천과 청계천이 만나 한강으로 흘러드는 어귀에 놓여 있는 살곶이다리는 한양과 동남 지방을 연결하는 주요 통로로 사용되던 서울에서 제일 오래된 다리입니다. 세종 대에 영의정 유정현과 공조판서 박자청이 감독하여 세웠습니다. 원래의 이름은 '마치 평평한 평지를 걷는 것과 같다' 하여 '제반교濟盤橋'라 불렀으나, 전관원이 있었던 연유로 살곶이箭串다리로 불리게 되었습니다.

동쪽으로 강릉을 가고, 동남쪽으로 송파에서 충주와 죽령을 넘어 영남에 닿는 교통의 요지였습니다. 뿐만 아니라 태종의 헌릉과 순조의 인릉을 참배하고자 할 때나 뚝섬나루를 거쳐 성종의 선릉, 중종의 정릉과 봉은사를 찾아가자면 반드시 이 돌다리를 건너야 했습니다. 주변의 넓은 들판은 풀과 버들이 무성하여 조선 초부터 나라의 말을 먹이는 마장馬場과 군대의 열무장閱武場으로 사용되었습니다.

이 다리는 정종과 태종의 잦은 행차 때문에 1420년(세종 2) 5월에 처음 만들어지기 시작했으나, 태종이 죽자 왕의 행차가 거의 없어 완성되지 못하였습니다. 그러다가 이 길을 자주 이용하는 백성들을 위해 다시 공사를 시작하여 1483년(성종 14)에 완성되었습니다.

고종 대에 대원군이 경복궁을 중건할 때 이 다리의 석재를 이용했기 때문에 다리의 일부가 손상되었습니다. 1913년에는 일본인들에 의해 상판에 콘크리트가 덮이고, 1920년의 집중호우로 다리의 일부가 떠내려가 방치된 것을 1971년에 보수, 복원하였습니다.

뛰어난 풍광을 자랑하던 동호

두모포豆毛浦는 도성 동남쪽 5리쯤에 있었다고 하는데, 이곳은 지금의 옥수동 한강변, 즉 동호대교 북단으로 동쪽에서 흘러오는 한강의 본류와 북쪽에서 흘러오는 중랑천의 물이 합류되는 지점입니다. 두 물이 서로 어우러진다는 의미로 두뭇개라 불렀으며, 한자로 옮기면서 두모포가 되었습니다.

두모포 뒤편 매봉산에서 동쪽으로 내려간 작은 매봉(응봉)이 한강을 바라보고 벼랑을 이룬 것을 선돌개(입석포)라고 합니다. 지금의 금호동인 무수막(수철리) 일대로 조선시대 서울 부근에서 경치 좋은 곳으로 꼽히던 '경도십영京都十詠'의 하나인 '입석조어立石釣魚'는 이곳의 풍광을 가리킵니다.

용산강(용산 지역의 한강)을 남호南湖, 마포강(마포 지역의 한강)을 서호西湖라고도 했던 것처럼, 두모포 역시 도성 동쪽의 풍광이 뛰어난 물가라는 의미에서 동호東湖라고도 불렀습니다. 그리고 아름다운 풍광 때문에 주변에 많은 누정이 세워졌습니다.

두모포 일대에 있던 정자 가운데 왕실 소유는 세종의 제천정, 낙천정, 화양정, 연산군의 황화정, 예종의 둘째아들 제안대군의 유하정이

겸재 정선이 그린 압구정. 강 건너에서 바라본 모습으로 풍광이 아름다운 이 일대의 한강을 동호라고 불렀다.

있었습니다. 문신들의 정자로는 한명회의 압구정, 김안로의 보안당, 김안국의 범사정, 정유길의 몽뢰정, 이사준의 침류당, 김국광이 지어 이항복의 소유가 된 천일정, 송인의 수월정 등이 있었습니다. 지금은 낙천정만 유일하게 남아 있습니다.

두모포는 농산물과 목재 등 각종 물산이 드나드는 나루터였습니다. 경상도와 강원도 지방에서 남한강을 경유하여 오는 세곡선이 집결했던 곳이고, 1396년(태조 5) 설치한 동빙고가 부근에 있어 얼음을 나르는 배들도 드나들었습니다. 1419년(세종 1)의 대마도 정벌 때는 세종과 상왕인 태종이 친히 두모포 백사장에 나와 이종무 등 여덟 장군을 전송

옛 뚝섬나루. 지금은 서울의 숲으로 거듭났다.

하며 잔치를 베풀었습니다.

저자도楮子島는 두뭇개(옥수동)와 무수막(금호동) 사이의 한강에 있던 모래섬입니다. 해마다 기우제를 지내던 곳으로, 닥나무가 많아 그로부터 섬 이름이 유래되었습니다. 도성 안을 서에서 동으로 흐르는 청계천이 동대문 밖을 지나 양주에서 흘러 내려오는 중랑천과 합류해, 다시 서남으로 꺾이면서 한강으로 접어드는 곳에 생겨난 삼각주가 바로 저자도입니다. 멀리서 보면 아이가 춤추는 모습을 닮았다고 무동도라고도 불렀습니다.

중랑천은 양주시 불국산(불곡산)에서 발원해 도봉천, 방학천, 당현천, 우이천, 묵동천, 면목천 등 13개의 지류를 받아 안고 흘러 사근동에

서 청계천과 합류한 후 한강으로 유입하는 하천입니다. 도봉동 부근은 도봉서원이 있어 '서원천書院川', 창동 부근에서는 한강의 위쪽을 흐르는 냇물이라는 뜻으로 '한천漢川' 또는 '한내', 상계동 부근에서는 한강의 새끼 강이라는 뜻으로 '샛강'이라고도 불렀습니다.

청계천은 한양도성 안에서 백악, 목멱산, 인왕산, 낙산에서 흘러내린 백운동천, 삼청동천, 옥류동천, 쌍계동천, 청학동천을 받아 안고 도성 밖에서 성북천, 정릉천과 합류하여 동쪽으로 흐르다가, 왕십리 밖 살곶이다리 근처에서 중랑천과 합쳐 서쪽으로 흐름을 바꾸어 한강으로 흘러드는데, 원래 이름은 개천開川이었습니다.

청계천은 자연하천으로 홍수가 나면 민가가 침수되는 물난리를 겪었고, 평시에는 오수가 괴어 매우 불결하였습니다. 태종이 처음으로 개거공사開渠工事를 하였으며, 영조 때 바닥의 흙을 파내고 양쪽 기슭에 돌을 쌓는 등의 본격적인 개천사업을 하여 물의 흐름이 비로소 직선화되었습니다. 개천에는 모두 24개의 다리가 놓였습니다.

저자도는 한성백제와도 관련이 있는데, 이덕무는 저자도에 온조왕의 옛 성터가 있었다고 하였습니다. 조선 초기부터는 왕실 소유의 섬으로 왕이 즐겨 찾던 놀이터였고, 중국 사신이 왔을 때 저자도에서 양화도까지 뱃놀이를 베풀었습니다. 기우제를 올리고, 출정하는 병사들의 전송 행사를 하는 큰 규모의 섬이었습니다.

저자도는 고려 말 정승 한종유의 소유였다가 조선 세종 대에 정의공주에게 하사해 공주의 남편 안맹담의 소유가 되었습니다. 이때부터 사대부 자제들의 학습처가 되었으며, 연산군, 성종, 중종 때는 군신의 유희처로 사용되었습니다.

조선 중기 이후에는 명망 있는 문사들의 은둔처가 되었는데, 특히 김창흡은 '현성玄城'이라는 정자를 지어놓고 남한산을 오가며 풍류를 즐긴 것으로 유명합니다. 근세에는 개화파 박영효가 이 섬에 정자를 지어 동지들과 자주 만남을 가졌다고 합니다.

세조 때부터는 저자도의 얼음을 채취해 빙고氷庫에 갈무리하였습니다. 빙고는 얼음을 저장하고 출납하던 관아로, 동빙고의 얼음은 종묘와 사직단 등의 제사에 쓰고, 서빙고의 얼음은 궁궐이나 백관들에게 나누어 주었습니다.

1396년(태조 5) 예조 소속으로 옥수동 미타사 입구에 동빙고를, 둔지산 기슭 서빙고초등학교 부근에 서빙고를 설치하고, 얼음이 잘 얼게 수우신水雨神인 현명씨玄冥氏에게 제사지내는 사한단司寒壇을 동빙고의 북

목멱산 산줄기는 동쪽으로 뻗어내려 응봉산을 지난 다음 중랑천으로 숨어든다.

쪽에 세웠습니다. 동빙고와 사한단은 1504년(연산군 10) 서빙고의 동쪽으로 옮겨졌는데, 지금은 표지석만 남아 있습니다.

저자도는 1925년의 을축 대홍수로 아름다운 풍경을 잃어버린 채 모래와 자갈만 쌓여 있다가, 1970년대 초 압구정동 아파트 건설에 이 섬의 흙을 파내어 이용하면서, 지금은 완전히 물속에 잠겨 흔적을 찾을 수 없게 되었습니다.

두모포에 세운 동호독서당

독서당讀書堂은 국가의 중요한 인재를 길러내기 위해 건립한 전문 독서연구기구로 달리 호당湖堂이라고도 하였습니다. 한양에는 옥수동 근처 한강변에 동호당, 마포에 서호당, 용산에 남호당의 세 곳에 있었습니다. 특히 동호당은 율곡이 특별휴가를 받아 《동호문답東湖問答》을 저술한 것으로 유명합니다.

세종은 젊은 문신들에게 휴가를 주어 독서에 전념할 수 있도록 사가독서제賜暇讀書制를 실시하면서 신숙주, 성삼문 등 6인을 진관사에서 독서하게 하는 상사독서上寺讀書를 실시하였습니다. 세조가 왕위를 찬탈하여 집현전을 혁파함으로써 사가독서제는 폐지되었다가, 성종 대에 다시 사가독서제를 실시하면서 상설국가기구인 독서당을 두는 것이 바람직하다는 서거정의 주청을 받아들여 1492년(성종 23)에 남호독서당南湖讀書堂을 개설하였습니다. 장소는 지금의 마포 한강변에 있던 귀후서歸厚署 뒤쪽 언덕의 사찰이었다고 하는데, 1504년 갑자사화의 여파로 폐쇄되었습니다.

연산군의 뒤를 이은 중종은 인재 양성과 문풍 진작을 위해 독서당 제도를 부활하여 지금의 동대문구 숭인동에 있던 정업원을 독서당으로 만들었습니다. 그러나 정업원이 독서에 전념할 수 있는 마땅한 장소가 아니라는 주청이 끊이지 않자, 중종은 1517년에 두모포에 있던 정자를 고쳐 독서당을 설치하고 동호독서당東湖讀書堂이라 하였습니다. 이때부터 임진왜란이 일어나서 소실될 때까지 75년 동안 학문연구와 도서 열람의 도서관 기능을 수행하였습니다.

임진왜란 이후 독서당은 복구되지 못하다가 광해군 때 한강별영漢江別營을 독서하는 처소로 삼았으나, 병자호란 등으로 사가독서제도가 정지됨에 따라 독서당의 기능은 크게 위축되었습니다. 그리고 정조 때 규장각이 세워짐에 따라서 완전히 그 기능이 소멸되었습니다.

독서당은 그 권위를 높이기 위해 규정을 엄격히 정해 소수만 선발

독서당 터 표지석.

하였습니다. 대표적인 예로 1515년(중종 10) 사가독서원으로 김안국 등 16인을 선발하였으나, 재심 결과 7인만이 최종적으로 뽑혔습니다. 독서당의 선발 연령은 연소문신^{年少文臣}을 원칙으로 삼았으나, 40세가 넘어서 선발되는 경우도 가끔 있었습니다. 1426년부터 350여 년 동안 총 48차에 걸쳐 320인이 선발되었을 뿐입니다. 그리고 대제학은 독서당을 거친 사람만 가능하게끔 제도화했습니다.

장충동에서 한남동을 넘어가는 고개는 약수동에서 한남동으로 넘어가는 고개와 더불어 벌아현^{伐兒峴}이라고 불렀는데 사연은 이렇습니다.

한양의 종조산에 해당하는 삼각산 세 봉우리 중의 하나인 인수봉은 수려한 자태를 뽐내지만, 허리 부분쯤에 조그마한 바위가 불거져 나와 있습니다. 그 모양이 멀리서 보면 마치 어머니가 아이를 업고 있는 형상이라서 부아악^{負兒岳}이라고도 불렀습니다.

아이가 어머니 품속을 벗어나면 위험하므로 때로는 혼내주고 때로는 얼러줄 필요가 있어서, 아이를 혼내준다는 버티고개^{伐兒峴}와 떡으로 달랜다는 떡전고개의 지명이 생겼습니다. 당근과 채찍으로 아이를 혼내고 달래며 엄마 등에 가만히 있기를 바라던 마음에서 그리하였을 것입니다. 벌아현은 약수동 고개에 세워진 버티역이라는 지하철역 이름으로 남아 있습니다.

한강진은 한남동에 있던 나루터로 한강도, 사수도, 사리진이라고도 하였으며, 강안 맞은편의 사평나루는 조선시대 판교역을 지나 용인, 충주로 통하는 대로의 요충지였습니다. 이곳에는 별감(후에 도승)이 파견되어 인마의 통행을 기찰하고 통행의 편의를 도모하였는데, 조선 후기에는 진^鎭을 설치하여 훈련도감에서 관리하였습니다.

이방인의 땅 이태원과 용산

이태원 부군당은 주민들이 제를 올리면서 마을의 안녕을 기원하던 곳으로, 유관순 열사의 추모비가 함께 세워져 있습니다. 유관순 열사가 순국 후 이태원 공동묘지에 묻혔는데, 일제가 이곳에 군용기지를 조성하는 과정에 열사의 유해는 행방이 묘연해졌습니다. 그래서 유관순 열사의 넋을 기리고 추모하기 위해 이곳 주민들이 추모비를 세웠습니다.

해방촌은 용산고등학교의 동쪽, 목멱산의 남쪽 기슭에 형성된 마을로 광복과 함께 해외에서 돌아온 사람들과 또 북쪽에서 월남한 사람들, 그리고 한국전쟁으로 인해 피난을 온 사람들이 정착하게 되어 해방촌이라 불리게 되었습니다.

해방촌 지역은 일제강점기에는 일본군 제20사단의 사격장으로 사용되었습니다. 해방 후 미 군정청이 그 지역을 접수하였지만, 통제력이 미치지 못하여 일본군 육군관사 건물을 월남 실향민들이 차지하였습니다. 미 군정청이 이들을 퇴거시키자, 쫓겨난 사람들이 그 위쪽의 사격장에 움막을 짓고 살기 시작하면서 해방촌을 이루게 되었습니다. 해방촌에는 1943년 중일전쟁과 태평양전쟁 때 전사한 일본군과 조선인을 위령하기 위해 경성호국신사가 있었습니다. 그 참배 길인 108계단이 지금도 남아 있습니다.

이태원은 조선시대 관리들에게 숙식을 제공하기 위하여 둔 역원驛院으로 용산고 정문 앞에 있었습니다. 그곳에 배나무가 많아서 붙여진 이름인데, 한자로 어떻게 표기하느냐에 따라 민간에 전해지는 전설은 그 내용이 매우 다양합니다.

《동국여지비고東國輿地備攷》에 나오는 유래는 임진왜란 때 조선에 항복

(위) 부군묘 옆의 유관순 열사 추모비.
이태원 공동묘지에 묻혔던
유관순 열사의 넋을 기리기 위해
주민들이 추모비를 세웠다.

(오른쪽) 이태원 주민들이
마을의 안녕을 기원하던 부군묘.

한 왜군들이 귀화해서 이곳에 살았는데, 그들을 '이타인異他人'이라고 불렀고, 그들이 사는 곳이라 이타원異他院이라는 마을 명칭이 생겨났다는 것입니다.

이태원異胎院이라는 한자 표기 명칭의 유래는 두 가지가 전해지고 있습니다. 하나는 임진왜란에 뿌리를 두고 있습니다. 목멱산 아래 황학골에 있던 비구니들이 거주하던 운종사라는 절을 왜장 가토 기요마사가 탈취하여 얼마 동안 머무르다가, 이곳을 떠나면서 절을 불태워 버렸다고 합니다. 그때 왜장들과 관계를 가졌던 비구니들은 갈 데가 없어 융경산 부군당 밑에 토막을 짓고 살았는데, 일부는 아이를 낳게 되었습니다. 이웃 마을 사람들이 이를 알고 이태異胎가 있는 집이라고 그 일대를 이태원異胎院이라고 불렀다고 합니다.

다른 하나는 병자호란 이후 심양으로 잡혀간 조선 여성들이 그곳에서 모진 고초를 겪다가 애를 낳고 돌아와 이곳에 집단 거주하게 되었다고 합니다. '태가 다른異胎' 아이들이 함께 산다고 해서 이태원이라는 지명이 유래되었다는 것입니다.

사실의 진위를 떠나 '이태異胎', '이타인異他人'이 사는 지역이라는 전설의 내용은 과거부터 현재로 이어지는 이태원의 정체성을 잘 반영하고 있는 지명의 유래입니다.

용산龍山이란 지명의 근원을 따져보면 한양도성의 서쪽 안산 자락이 남쪽으로 뻗어나간 산줄기가 한강을 향해 구불구불 나아간 모양이 용의 모습을 닮았다 해서 붙은 이름입니다. 지금의 효창공원과 원효로 서쪽 일대의 구릉지가 본래의 용산이고, 미군기지와 삼각지, 이태원 등이 자리 잡은 일대는 '신용산'이라 불리다 '신'을 빼고 용산으로 굳어지게 되었습니다.

목멱산 아래 위치한 해방촌.

본래의 용산은 도성에 접해 있으면서 한강을 끼고 있는 지역으로, 조정의 군수창고 기능을 하던 군자감 등이 자리하고 있던 전략적 요충지였습니다. 임진왜란 당시 한양에 머무른 왜군이 이 일대에 자리 잡은 것도 같은 이유에서였습니다. 당시 고니시 유키나가의 부대는 원효로 일대에, 가토 기요마사의 부대는 갈월동 부근에 주둔하여 현재의 용산 기지와는 다소 떨어진 곳에 있었습니다.

1882년 임오군란 때 파병된 청나라 군대는 임오군란을 진압한 뒤 이곳 용산에 주둔하였는데, 청일전쟁에서 승리한 일본군 역시 청나라 주둔지에 그대로 눌러앉았습니다. 그것이 현재의 모습으로 정착된 것은 일본이 러일전쟁을 치르기 위해 국내에 진주시킬 '한국주차

용산 일대에 넓게 자리한 미군기지의 모습이 멀리 보인다. 용산은 청, 일본, 미국 등 외국군대의 주둔지였다.

군' 때부터입니다.

일본군은 1906년부터 1913년까지 1차 기지공사를 완료하고 한양 일대 주요 지점에 분산 주둔해온 일본군 부대들을 용산기지로 집결시 켰으며, 러일전쟁이 끝나고도 한반도 식민지배와 대륙 침략을 위한 전 초기지로 활용하기 위해 2차 기지공사를 진행하여 현재의 모습과 비슷 한 기지가 형성되었습니다.

주한미군이 용산에 자리 잡은 때는 1945년으로, 미 24군단 예하 7 사단이 서울과 인천에 있던 일본군을 무장 해제시키고 치안 유지를 담 당하면서입니다. 1948년 남한정부가 수립되자 미군은 400여 명만 남 고 모두 철수했으나, 1950년 한국전쟁이 발발하면서 다시 투입되었습

용산 미8군 기지에 있는 노란색 건물은 일본군이 주둔할 때 세운 것으로 미군도 그대로 사용하였다.

니다. 본격적인 용산 미군기지 시대가 열린 것은 1957년 주한미군사령부가 창설되면서부터입니다.

'왜명강화지처비倭明講和之處碑'는 원효로4가 주택가 한편에 세워져 있는 비석입니다. 임진왜란 당시 왜군이 한양에서 철수하기 전 용산 일대에 주둔하고 있었던 사실을 보여주는 유적입니다.

조선을 침략한 왜군은 한양을 지나 평안도와 함경도까지 진격해 갔으나, 조선 관군과 의병이 체제를 정비하고 명나라 군대까지 파병되면서 전황은 왜군에 불리하게 전개되었습니다. 설상가상으로 1593년 행주대첩에서 패한 왜군은 한양에서 철수하기 전에 최대한의 실리를 챙기고 퇴로를 확보하기 위해 명나라와 강화를 맺고자 했는데, 명나라 역시 전투로 인한 병력 손실을 피하기 위해 왜군과 적극 강화협상에 나섰습니다. 왜군과 명나라군이 강화를 맺은 곳에 세운 비석이 바로 '왜명강화지처비'입니다.

　　용산기지 바깥에 있던 외국군 주둔의 흔적은 '왜명강화지처비'와 후암동 '호국신사' 터 아래 108계단 등 극히 일부를 제외하면 대부분 도시개발 과정에서 사라져버렸습니다.

삼개나루 가는 길

기행 코스

한양도성의 정문 숭례문을 나서 만초천을 건너 만리재 옛길을 넘어
삼개나루와 서강을 지나 양화진과 망원정을 둘러보는 일정

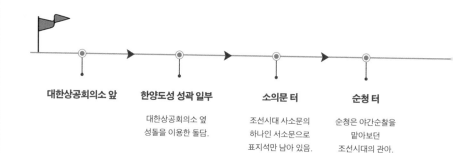

대한상공회의소 앞

한양도성 성곽 일부

대한상공회의소 옆
성돌을 이용한 돌담.

소의문 터

조선시대 사소문의
하나인 서소문으로
표지석만 남아 있음.

순청 터

순청은 야간순찰을
맡아보던
조선시대의 관아.

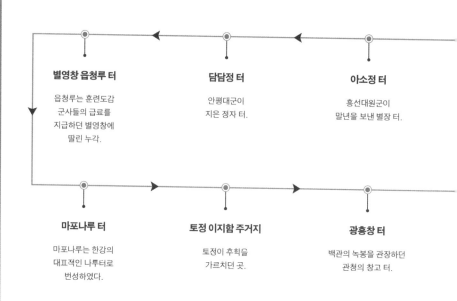

별영창 읍청루 터

읍청루는 훈련도감
군사들의 급료를
지급하던 별영창에
딸린 누각.

담담정 터

안평대군이
지은 정자 터.

아소정 터

흥선대원군이
말년을 보낸 별장 터.

마포나루 터

마포나루는 한강의
대표적인 나루터로
번성하였다.

토정 이지함 주거지

토정이 후학을
가르치던 곳.

광흥창 터

백관의 녹봉을 관장하던
관청의 창고 터.

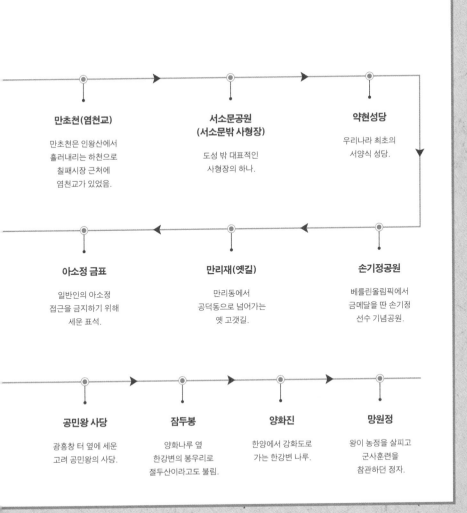

만초천(염천교)

만초천은 인왕산에서
흘러내리는 하천으로
칠패시장 근처에
염천교가 있었음.

**서소문공원
(서소문밖 사형장)**

도성 밖 대표적인
사형장의 하나.

약현성당

우리나라 최초의
서양식 성당.

아소정 금표

일반인의 아소정
접근을 금지하기 위해
세운 표석.

만리재(옛길)

만리동에서
공덕동으로 넘어가는
옛 고갯길.

손기정공원

베를린올림픽에서
금메달을 딴 손기정
선수 기념공원.

공민왕 사당

광흥창 터 옆에 세운
고려 공민왕의 사당.

잠두봉

양화나루 옆
한강변의 봉우리로
절두산이라고도 불림.

양화진

한양에서 강화도로
가는 한강변 나루.

망원정

왕이 농정을 살피고
군사훈련을
참관하던 정자.

삼개나루: 서강나루, 마포나루, 용산나루

안산에서 갈라진 와우산 산줄기, 노고산 산줄기, 용산 산줄기가 한강을 향해 뻗어내려 각기 호수처럼 발달한 서호, 마호, 용호로 입수하는데, 서호에 서강나루, 마호에 마포나루, 용호에 용산나루가 있어 삼개나루三浦라고 불렀습니다.

한양 도성의 정문인 숭례문 밖에는 남지南池라는 큰 연못이 있었는데, 그곳은 원래 중종 때의 문신 김안로의 집터였습니다. 그가 권력을 남용하며 여러 차례 정적을 옥사시킨 탓에 그가 사사된 후 정적들에 의해 집터가 파괴되고 연못이 조성되었습니다. 조선시대 숭례문 밖 남지의 연꽃이 무성하면 남인이 흥하고, 돈의문 밖 서지의 연꽃이 무성하면 서인이 득세했다는 이야기도 전해옵니다.

숭례문에서부터 돈의문이 있던 자리까지는 안타깝게도 한양도성의 흔적을 거의 만날 수 없습니다. 대한상공회의소 옆으로 새롭게 정비된 돌담에서 원래의 성돌 일부를 만나는 게 전부이며, 소의문昭義門 자리인 중앙일보 사옥 주차장 인근에도 단지 길모퉁이에 '소의문 터'라는 표지석만 놓여 있습니다.

도성 밖 만초천 염천교 부근에는 마포에서 들어오는 수산물을 거래하던 난장인 칠패시장이 있었습니다. '칠패'라는 명칭은 조선시대 한양

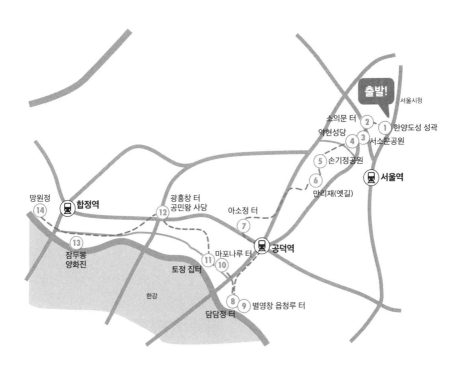

숭례문을 나선 다음 서소문에서부터 만리재 옛길을 따라
마포나루로 향합니다. 이어서 서강을 지나
한강변의 양화진과 망원정을 둘러봅니다.

도성을 경비하던 훈련도감, 어영청, 금위영 세 군문 가운데 금위영구역 일곱 번째 구간이어서 붙여진 것입니다.

소의문은 처음에는 소덕문이라고 부르다가 1744년(영조 20) 문루를 세우면서 이름을 고쳤습니다. 예종의 비 한씨의 시호가 소덕왕후라 이를 피해 소의문으로 바꾸었다는 통설이 전해지고 있습니다. 소의문은 한양도성의 서소문으로 일반적인 통행로이면서, 남소문인 광희문과 함께 시체를 성 밖으로 옮기는 시구문 역할도 하였습니다.

서소문 밖에는 궁궐에 도둑이 들지 못하게 하고 화재를 막기 위해 야간 순찰을 돌던 순청巡廳이라는 관아가 있었습니다. 야간 순찰은 밤 10시경부터 다음 날 새벽 4시까지 실시하였는데, 이 시간에 통행을 하는 사람은 체포해 곤장을 때리기도 했습니다. 세조 때 처음 설치할 때는 좌순청과 우순청을 두었으나, 1894년 갑오개혁 때 내무아문 산하의 경무청 소관으로 바뀌면서 사라졌습니다.

숭례문에서 돈의문 사이는 한양도성이 사라졌지만,
대한상공회의소 옆에 새롭게 정비한 돌담에서 성벽의 흔적을 만날 수 있다.

순청이 있는 지역은 순라골이라고 불렸으며, 일제강점기에는 화천정和泉町이라는 지명을 얻었습니다. 지금의 순화동 이름은 순라골의 '순'과 화천정의 '화' 자를 합쳐 만들어진 것입니다.

만초천蔓草川은 인왕산의 서쪽과 목멱산의 남서쪽에서 각각 발원하여 삼각지 인근에서 합쳐진 뒤 한강으로 합류하던 하천으로, 넝쿨내, 무악천, 갈월천이라고도 불렸습니다. 만초천의 게 잡이는 '용산팔경' 중의 하나였습니다.

조선시대 만초천에는 일곱 개의 다리가 놓여 있었는데, 상류에서부터 순서대로 소개하겠습니다.

개울물을 건너는 곳에 물이 빠지는 구멍이 연적처럼 생겼다는 연적교는 옥천동에, 《대동지지》에 초교라고 기록되어 있는 석교는 교남동 북쪽에 있었습니다. 경교는 경기감영 창고 인근인 서울적십자병원 앞쪽에 놓여 있었는데, 고국에 돌아온 백범 김구가 머물던 경교장의 이름

만초천이 흘렀던 곳. 지금은 철로가 놓여 있다.

은 바로 경교 다리에서 유래되었습니다.

새로 놓은 돌다리라는 신교는 의주로1가 남동쪽에, 흙다리[주] 또는 헌다리라고 불리던 이교는 서소문공원 북쪽에, 염청교, 염천교라고도 불리는 염초청교는 중림동 남쪽에, 청파 배다리라고도 부르는 주교는 청파동1가 부근에 있었습니다.

조선 태종 때에는 이 물줄기를 이용해 용산강에 들어오는 배를 남대문까지 끌어올리기 위해 운하를 건설하려는 논의가 진행되었습니다. 하지만 조선 창건 후 많은 공사가 이루어지고 있는데다, 군사 1만여 명을 동원해야 하는 까닭에 더 이상의 진척을 보지 못하였습니다.

사형장은 한양의 서쪽에

조선시대에는 풍수설에 따라 대부분의 사형장을 한양의 서쪽에 두었습니다. 서쪽은 숙살지기肅殺之氣가 있다고 보았기 때문입니다. 양화진(마포구 합정동), 당고개(용산구 신계동, 문배동), 와현(용산구 한강로), 새남터(용산구 이촌동), 서소문밖(중구 의주로2가)은 모두 한양의 서쪽이며, 대부분 서소문을 기준으로 10리 안팎에 위치합니다.

서소문밖이 사형장으로 주목 받은 이유는 도성과 붙어 있는데다 인근에 칠패시장이 있어서 본보기의 형장으로 안성맞춤이었기 때문입니다. 이곳은 사형의 집행뿐 아니라 이미 죽은 시신을 조리돌리는 추형을 하는 곳이기도 하였습니다.

영창대군의 외조부 김제남이 사사당했고, 허균도 이곳에서 처형되었습니다. 홍경래는 관군의 총탄에 맞아 사망한 뒤 그 자리에서 참형당

명동성당보다 6년 먼저 지어진 우리나라 최초의 서양식 성당 약현성당.
많은 천주교 신자들이 근처의 서소문밖 사형장에서 처형되었다.

했으나, 수급이 이곳에 사흘 동안 내걸리고, 다시 전국 8도로 보내졌습니다. 동학농민운동의 지도자 김개남은 1895년 1월 전주 장대에서 참수를 당했습니다. 참수당한 그의 수급은 서소문밖 사거리에 사흘간 걸렸다가 농민운동이 일어난 지방에 본보기로 조리돌렸습니다.

1800년대 중반 이후 천주교 박해가 극심하던 시절에는 새남터 성지, 절두산 성지 등과 더불어 많은 천주교 신자들이 이곳에서 처형되었습니다. 새남터 성지에서 김대건 신부 등 성직자들이 다수 처형된 것과 달리, 서소문밖 네거리에서는 평신도들이 주로 처형된 것으로 알려져 있습니다. 이곳에서 103성인 중 44인이 처형되었습니다.

서소문공원은 '서소문밖 순교자 현양탑'이 있어 교황 방한 때 바티

칸으로부터 천주교 성지로 인정 받은 곳으로, 서울시가 천주교 순교성지를 조성하는 공사를 한창 진행 중입니다. 이곳에서 참수된 사람들의 비율은 천주교인 22%, 사회변혁 처형자 36%, 나머지 일반사범 42%라고 합니다.

약현성당은 명동성당보다 6년 먼저 지어진 우리나라 최초의 서양식 성당으로 로마네스크 양식과 고딕 양식이 절충된 건물입니다. 1892년 건물이 완성되어 1893년 4월 뮈텔 주교의 집전으로 봉헌식이 거행되었습니다. 처음에는 남녀를 구분하던 내부 칸막이가 설치되어 있었으나, 1921년 칸막이를 헐어내고 벽돌기둥을 돌기둥으로 교체하였습니다. 1998년의 화재로 대부분의 건물이 소실되었지만, 처음 설계도대로 다시 복원하였습니다.

이곳에 성당을 세운 것은 중국 북경에 들어가 한국인 최초로 영세를 받은 이승훈의 집이 이곳 근처이고, 신유년(1801), 기해년(1839), 병인년(1866)의 천주교 수난 때 많은 천주교 신자들이 가까운 서소문밖에서 순교하였기 때문이라고 합니다.

손기정공원은 1936년 베를린올림픽 마라톤에서 금메달을 딴 손기정 선수를 기념하기 위하여 손기정의 모교인 양정중고교 터에 1987년 9월 18일 조성하였습니다. 손기정 선수가 우승 후 히틀러에게서 받은 월계수는 잘 자라서 서울특별시 기념물 제5호로 지정되었고, 손기정 기념비, 손기정 동상 등이 건립되어 있습니다.

만리창은 공물로 거두어들인 쌀, 베, 돈의 출납을 맡았던 선혜청의 별창고로 본래 진휼賑恤을 실시하던 곳입니다. 선조 때 설립된 선혜청은 나중에 균역청까지 한데 통합하였다가 갑오개혁 때 폐지되었습니다. 지금은 표석만이 효창공원역 용마루고개 횡단보도에 남아 있습니다.

1936년 베를린 올림픽 마라톤에서 우승한
손기정 선수가 받은 투구.

대원군이 칩거하고 있던 아소정 입구에
일반인의 접근을 금지하기 위해 세운 표석.

아소정我笑亭은 흥선대원군이 말년을 보낸 별장입니다. 명성황후와
의 암투에서 밀려 운현궁에서 유폐생활을 하던 중 아끼던 손자 이준용
이 역모사건에 연루되어 유배형을 받게 되자, 분노하는 마음으로 성 밖
별장인 이곳으로 옮겨와 머물렀습니다. 아소정이라는 이름은 '스스로
비웃는다我笑'는 뜻으로 지은 것입니다.

조정에서는 아소정 입구에 표석을 세워 일반인의 접근을 금지하였
습니다. 부대부인 민씨와 흥선대원군 모두 이곳 아소정에서 세상을 떠
났습니다. 아소정 자리에 묘소와 사당을 만들었다가 나중에 이장하였
습니다.

담담정淡淡亭은 조선 초 안평대군이 지은 정자입니다. 안평대군은 이
곳에 서적 1만 권을 쌓아두고 문관들을 불러 시국을 논하며 풍류를 즐

김석신의 그림 〈담담정〉.

겼다고 하는데, 이러한 안평대군의 세력 확대에 불안을 느낀 수양대군
은 계유정난을 일으켜 정권을 잡은 다음 안평대군을 처형하였습니다.
그 뒤 담담정은 안평대군과 절친이었지만 노선을 달리해 세조의 공신
이 된 신숙주에게 하사되었고, 광복 후 이승만 대통령이 잠시 머물기도
하였습니다.

　이승만은 1945년 10월 귀국하여 한민당의 주선으로 당시 서울타이
어 사장이던 장진영의 집에 머물렀는데, 돈암장이라고 불린 그곳에서
2년 정도 지냈습니다. 그러다가 이승만과 미군정간의 불화설이 나돌자

집주인이 집을 비워달라고 하는 바람에, 담담정 터에 지은 마포장에 살게 되었습니다. 이승만의 세력이 커지자 우익들은 돈을 모아 낙산 아래 이화장을 지어 이승만에게 기증하였습니다. 담담정 터가 신숙주의 것이었듯이, 이화장도 신숙주의 손자 신광한의 집터였습니다.

이승소와 강희맹이 차운한 〈담담정십이영淡淡亭十二詠〉은 담담정에서 누릴 수 있는 12가지의 아름다운 풍경을 노래한 시입니다. 마포의 밤비麻浦夜雨, 밤섬의 저녁안개栗島晴嵐, 관악산의 봄구름冠岳春雲, 양화나루의 가을달楊花秋月, 서호의 배 그림자西湖帆影, 남교의 기러기 울음소리南郊雁聲, 여의도의 아름다운 풀仍火芳草, 희우정의 저녁 햇살喜雨斜陽, 용산의 고기잡이 불龍山漁火, 잠두봉의 나무꾼 노래蠶嶺樵歌, 눈 내린 반석에서의 낚시盤磯釣雪, 옹기골의 가마 연기瓮村薪煙를 일컫습니다.

별영창은 훈련도감 군병들의 급료를 지급하는 곳이며, 읍청루는 별영창에 딸린 누각입니다. 강가에 위치해 경치가 뛰어났는데, 여기에 와서 놀다가 읊은 정조의 읍청루 시도 전해지고 있습니다.

읍청루는 조선 말기에 이르러 세관감시소가 되고, 총세무사이던 영국인 브라운의 별장이 되었다가, 일제강점기에는 조선총독부 정무총감의 별장이 되었습니다. 개화의 물결과 더불어 용산강의 수운도 현대화하여 인천과 용산간의 수상운송이 활발해지자, 용산은 한때 외국상사 특히 청나라와 일본 상인들의 경쟁무대가 되었습니다. 이때 읍청루에 세관이 설치되었습니다.

해상교통의 요충지 마포나루

삼개나루 가운데 용산나루와 서강나루는 광흥창, 별영창 등 정부의 창고가 있어 주로 조세곡이 들어왔습니다. 반면에 마포나루는 일반상 업용 곡물과 어물이 드나들던 곳으로 물산의 중간집산지이기에 객주 가 많았습니다. 상인과 뱃사람이 몰려들어 색주가가 번성했으며, 뱃길 의 안녕을 빌기 위한 당집이 많이 들어섰습니다.

마포나루는 조선시대 한강의 대표적인 나루터이자 해상교통의 요 충지였습니다. 삼남지방에서 올라오는 곡물과 서해안에서 생산된 소 금, 생선, 새우, 젓갈 등이 많이 거래되었는데, 도성의 소금, 생선, 젓갈 은 거의 모두 이곳에서 공급되었습니다.

19세기에 이르러 상업이 발달하면서 상선들이 한강을 거슬러 올라 와 이곳에서 장사를 하게 되자 나루터에는 창고를 지어놓고 위탁 판매 하거나 중개하는 객주, 여각 등이 생겨났으며, 경강상인들의 활발한 상 업 활동도 이곳에서 이루어졌습니다. 마포나루와 인천을 왕래하는 증 기선이 운항되기도 하였습니다.

염리동은 소금을 매매하는 사람들이 집단으로 거주하던 곳입니다. 용강동 일대에는 젓갈류와 소금 등의 보관에 필요한 옹기를 굽던 옹리 가 있었으며, 이런 연유로 독막, 동막으로도 불렀습니다.

마포사람들은 매년 5월 마포나루의 안녕과 번영, 그리고 마포나루 를 드나드는 선박들의 무사항해를 기원하는 굿을 올렸습니다. 육지에 서 하는 나루 굿(대동제)과 배 안에서 하는 배 굿(용왕굿)이 있었습니 다. 가까운 밤섬에 사는 주민들도 부군님, 삼불제석님, 군웅님 등의 신 을 모시며 제를 올렸습니다.

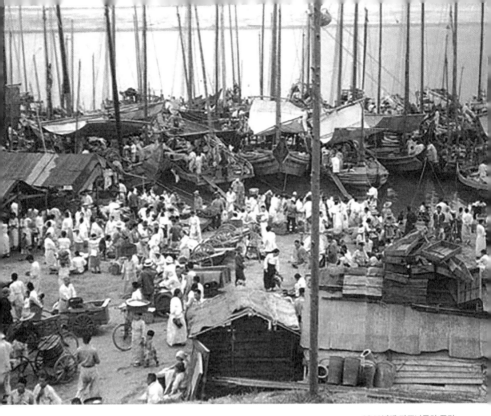

1940년대 마포나루의 풍경.

밤섬 부군당은 1968년 밤섬 폭파로 밤섬 주민들이 지금의 와우산 기슭으로 이주할 때 창전동에 새로 지은 것으로, 지금도 매년 음력 1월에 동제를 지냅니다. 오늘날까지 시현되고 있는 창전동 부군당제는 옛날 마포나루 굿의 한 단면을 엿볼 수 있게 합니다.

서강나루는 달리 서호西湖라고도 하였는데 나루라기보다는 세곡선의 선착장이었습니다. 황해도, 전라도, 충청도, 경기도의 세곡을 운반하는 조운선이 모두 이곳에 모였기에, 세곡을 보관하기 위하여 광흥창과 풍저창의 강창江倉이 설치되었습니다.

조선의 개국공신 정도전은 한양도읍 건설을 마치고 이곳의 풍광을 〈서강조박西江漕泊〉이란 시로 읊었습니다.

各지의 선박들 서강으로 밀려들어　　　　四方輻湊西江

우뚝 솟은 큰 배마다 만 섬은 풀어놓네　　拖以龍驤萬斛

창고마다 쌓인 쌀을 한번 보소　　　　　　請看紅腐千倉

식량이 넉넉하면 나라 살림 그만이라네　　爲政在於足食

광흥창은 고려 충렬왕 때 설치되어 조선시대까지 존속하였습니다. 백관의 녹봉을 관장하기 위해 설치한 관청의 창고로 한양천도 후 와우산 남동쪽 서강 연안에 두었습니다.

서강에 모인 세곡은 상수동의 점검청點檢廳, 신정동의 공세청供稅廳을

광흥창 터에 지은 건물 광흥당(오른쪽)과 그 앞에 자리한 공민왕 사당.

거쳐 광흥창에 입고시켰습니다. 이런 이유로 많은 관리와 가솔들이 모여 살아 '서강서반西江西班'이란 말이 생기기도 하였습니다.

광흥창은 태종 때 호조 소속으로 편제되었습니다. 풍저창과 함께 국가재정 운영의 중심이었기 때문에 삼사의 회계출납 대상이었고, 사헌부의 감찰을 받았습니다.

녹봉은 초기에는 매년 1월, 4월, 7월, 10월의 네 차례 지급하였으나, 숙종 때부터는 매월 지급하였습니다. 경종 때 개정된 월봉에 따르면 정1품은 쌀 2섬8말과 콩 1섬5말, 종9품은 쌀 10말과 콩 5말로 차등 지급하였습니다. 문관은 이조, 무관은 병조에서 발급한 지급의뢰서를 가지고 관원이 직접 창고에서 받아갔습니다.

토정 이지함의 흙집에서 망원정까지

토정 집터는 이지함이 한강변에 흙집을 짓고 후학을 가르치던 곳입니다. 정종의 증손 이정랑의 딸과 1573년 결혼하여 장인의 집이 있던 마포에 신혼살림을 차리면서 이곳에 터를 잡았습니다.

이지함은 본관이 한산, 호는 수산水山, 토정土亭, 시호는 문강文康입니다. 목은 이색의 후손이자 북인 영수 이산해의 숙부로, 어려서 아버지를 여의고 서경덕의 문하에 들어가 공부하였으며, 역학, 의학, 수학, 천문, 지리에 해박하였습니다.

토정은 서경덕, 조식, 이이, 성혼, 이황 등과 교류하였는데, 제자 조헌이 토정의 예지능력을 사대부들에게 인식시켜 포천과 아산 군수가 될 수 있었습니다. 아산현감이 되어서는 걸인청을 만들어 관내 걸인의 수용과 노약자의 구호에 힘썼습니다.

율곡 이이는 토정을 '진기한 새, 괴이한 돌, 이상한 풀'이라 했고, 조식은 도연명의 시에 나오는 '동방의 한 선비'로 칭송했으며, 우암 송시열은 토정을 이이, 성혼과 함께 3명의 스승 중 1명으로 꼽았습니다.

토정은 1713년 이조판서에 추증되었고, 아산의 인산서원과 보은의 화암서원에 제향되었습니다. 문집 《토정유고》가 전해지고 있습니다.

공민왕 사당은 조선 초 서강 일대에 양곡 보관 창고를 지으려 할 때, 동네 노인의 꿈에 공민왕이 나타나 이곳에 당을 짓고 매년 제사 지낼 것을 계시한 데 따라, 그를 기리는 사당을 지었다고 합니다. 공민왕과 노국공주, 최영 장군, 왕자, 공주, 옹주의 초상을 모셨습니다.

잠두봉은 양화나루 옆 한강변에 우뚝 솟은 봉우리입니다. 모양이 누에머리 같기도 하고 용의 머리 같기도 하다고 해서 붙여진 이름으로, 달리 용두봉으로도 불렀습니다. 예로부터 풍류객들이 산수를 즐기고 나룻손님들이 그늘을 찾던 평화로운 곳으로, 풍광이 아름다워 중국에서 사신이 오면 유람선을 띄웠다는 이야기가 전해지고 있습니다.

양화나루는 한양에서 양천을 지나 강화도로 가는 중요한 길이었으며, 군사적으로도 매우 중요했습니다. 병인양요 때는 한강을 거슬러 올라온 프랑스 함대에 대적하기 위한 방어기지로 사용되었습니다.

병인박해 당시 흥선대원군은 전국 각지에 척화비를 세우고, 천주교 신자들을 붙잡아 이곳에서 참수형에 처했습니다. 이때부터 달리 절두산切頭山이라고도 불렀습니다. 천주교도들의 처형지가 이전에는 서소문 밖 네거리와 새남터 등이었지만, 병인양요 이후 프랑스 함대가 침입해 온 양화진 근처, 곧 절두산을 택함으로써 침입에 대한 보복이자 '서양 오랑캐'에 대한 배척을 강력히 나타냈습니다.

(위) 토정 이지함의 집터에 세운 추모비.
(아래) 양화나루 한강변에 우뚝 솟은 잠두봉. 지금은 잠두봉 정상에 성당 건물이 들어서 있다.

임금이 농정을 살피고 한강에서 진행되는 군사훈련을 관람하던 망원정.

    한국천주교회는 순교자들의 넋을 기리고 순교정신을 현양하기 위해 이 지역을 매입하여 성지로 조성하였습니다. 병인박해 100주년이 되던 1967년에 성당과 박물관이 준공되었습니다.

    망원정은 태종의 둘째 아들이자 세종의 형인 효령대군의 별서로 지은 것인데, 이듬해 세종이 농정을 살피러 왔다가 이곳에 들렀을 때 마침 단비가 내려 희우정喜雨亭이라 이름지었다고 합니다. 성종의 형인 월산대군의 소유로 바뀌면서 희우정을 대폭 수리하고 '경치를 멀리 내다 볼 수 있다'는 뜻에서 망원정으로 개칭하였습니다.

성종은 농정을 살피거나 명사들과 즐기기 위해 이곳을 이용했고, 명나라 사신을 접대하는 연회장으로 이용하였습니다. 연산군 때 1천여 명이 앉을 수 있는 규모로 확장공사를 시작하였으나, 중종반정으로 연산군이 폐위되자 공사는 중단되고 원래의 모습으로 남게 되었습니다.

한양 서쪽에 자리한 망원정은 동쪽에 있는 화양정과 함께 농사상황을 살피는 곳이기도 하고, 한강에서 진행되는 군사훈련, 수전水戰을 관람하던 곳이기도 하였습니다.

동망봉 언저리엔
정순왕후의 애통함이

기행 코스

정순왕후가 단종과 애절한 이별을 하고 평민 송씨로
신산스런 삶을 살다 간 역사의 현장과 개운산이 품고 있는
유적들을 둘러보는 여정

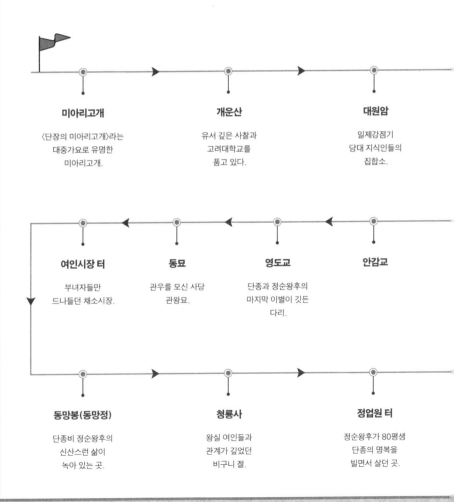

미아리고개

〈단장의 미아리고개〉라는
대중가요로 유명한
미아리고개.

개운산

유서 깊은 사찰과
고려대학교를
품고 있다.

대원암

일제강점기
당대 지식인들의
집합소.

여인시장 터

부녀자들만
드나들던 채소시장.

동묘

관우를 모신 사당
관왕묘.

영도교

단종과 정순왕후의
마지막 이별이 깃든
다리.

안감교

동망봉(동망정)

단종비 정순왕후의
신산스런 삶이
녹아 있는 곳.

청룡사

왕실 여인들과
관계가 깊었던
비구니 절.

정업원 터

정순왕후가 80평생
단종의 명복을
빌면서 살던 곳.

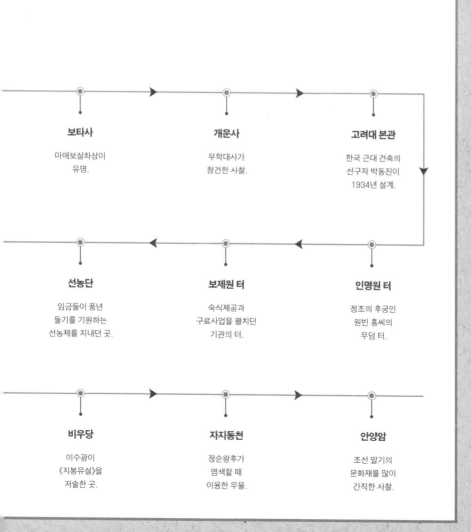

보타사

마애보살좌상이
유명.

개운사

무학대사가
창건한 사찰.

고려대 본관

한국 근대 건축의
선구자 박동진이
1934년 설계.

선농단

임금들이 풍년
들기를 기원하는
선농제를 지내던 곳.

보제원 터

숙식제공과
구료사업을 펼치던
기관의 터.

인명원 터

정조의 후궁인
원빈 홍씨의
무덤 터.

비우당

이수광이
《지봉유설》을
저술한 곳.

자지동천

정순왕후가
염색할 때
이용한 우물.

안양암

조선 말기의
문화재를 많이
간직한 사찰.

지식사회 대표 인물들의 집합소, 대원암

백두대간의 분수치에서 갈라져 나온 한북정맥의 한 줄기가 남쪽으로 방향을 틀어 삼각산을 일구고 보현봉, 형제봉을 지나 하늘마루(328m)에 이르면, 서남쪽으로 향하는 북악 산줄기와 동남쪽으로 향하는 미아리고개 산줄기로 갈립니다. 동남쪽 산줄기는 정릉을 끼고 돌아 아리랑고개와 미아리고개를 넘어 개운산(134m)을 일구고, 마침내 청계천에서 그 뻗음을 마감합니다.

미아제7동 불당골에 자리한 미아사라는 절 때문에 미아동 동 이름이 생겼고, 미아동으로 넘어가는 고개에 미아리고개라는 이름이 붙게 되었습니다. 원래는 되너미고개^{胡踰峴, 狄踰峴}라 하였는데, 병자호란 때 되놈^{胡人}들이 넘어왔다가 넘어갔다고 해서 붙인 이름입니다. 달리 돈암동 고개라고도 부르는데, 한국전쟁 때 인민군과 대한민국 국군 사이에 이곳에서 큰 교전이 벌어졌습니다. 인민군이 후퇴하면서 데려간 사람들의 가족들이 이곳에서 마지막으로 배웅하던 장면은 〈단장의 미아리고개〉라는 대중가요로 전해지고 있습니다.

개운산^{開運山}은 안암산^{安岩山}, 진석산^{陳石山}이라고도 합니다. 나라의 운명을 새롭게 열었다는 뜻의 개운사 절이 자리하고 있어 '개운산', 안암동에 있어 '안암산', 진씨^{陳氏} 성을 가진 사람의 채석장이 있었다 해서

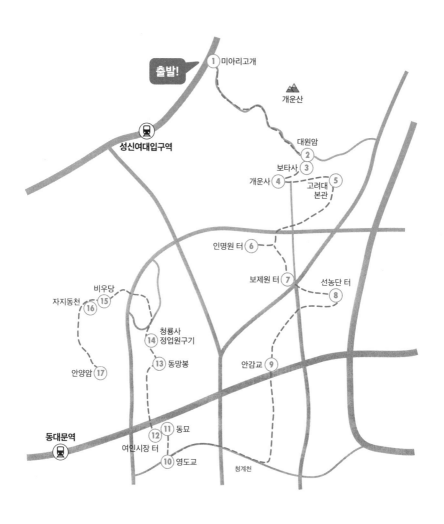

미아리고개에서 개운산 기슭을 따라 답사걸음을 시작합니다.
개운사, 선농단 등을 거쳐 영도교, 여인시장 터, 동망봉 등
정순왕후 유적을 둘러봅니다.

박한영이 주석하며 당대 최고의 지식인들과 교유하였던 대원암.

'진석산'이라는 각기 다른 이름을 갖고 있습니다. 이곳에는 개운사, 보타사, 대원암 등의 유서 깊은 사찰들과 정조의 후궁 원빈 홍씨의 인명원, 사학의 요람 고려대학교가 깃들어 있습니다.

개운사는 1396년(태조 5) 무학대사가 창건하였으며, 처음에는 영도사永導寺라는 이름으로 지금의 고려대학교 이공대 부근에 자리하고 있었습니다. 1779년(정조 3)에 원빈 홍씨가 세상을 떠나자, 영도사가 원빈 홍씨의 원묘에 가깝다 하여 지금의 자리로 옮기고 개운사로 개명하였습니다. 1912년 일제의 사찰령 시행에 따라 봉은사의 수반말사首班末寺로 지정되었습니다.

대원암大圓庵은 개운사의 산내 암자로 1845년(헌종 11)에 지봉우기가 창건하였습니다. 일제강점기에는 근대 불교계의 강백인 영호정호映湖鼎鎬가 이곳에 불교전문강원을 개설하여 석학들을 배출하였습니다.

그는 동국대학교의 전신인 명진학교의 강사에서 시작하여 중앙학림의
교장과 중앙불교전문학교의 교장을 역임하였습니다.

영호가 주석하던 당시 대원암은 우리나라 지식사회 대표 인물들의
집합소였습니다. 운허, 고봉, 청담, 경보 등의 출가제자와 신석정, 서정
주 등의 재가제자, 그리고 홍명희, 이광수, 최남선, 이병기, 정인보 등
당대의 지식인들이 모여들었습니다. 영호의 입적 이후 1970년대는 탄
허택성呑虛宅成이 주석하면서 이통현 장자의《신화엄합론》역경사업을
벌였습니다.

보타사普陀寺는 언제 창건되었는지 정확하게 알 수 없지만, 대웅전
뒤편 암벽에 조각된 마애보살좌상의 조성시기로 미루어 고려시대에
창건된 것으로 추정됩니다.

보타사 금동보살좌상(보물 제1818호)은 유희좌遊戱坐로 편안히 앉아

보타사 마애불.

정병을 들고 있는 금동보살좌상으로, 보타락가산 수월관음상의 도상적 특징을 보여줍니다. 머리에는 꽃잎 모양의 동판에 투각한 당초문과 화염문을 붙여 제작한 보관을 쓰고 있습니다. 보관의 중앙에는 동판으로 만든 아미타 화불을 부착하여 관음보살임을 나타냈습니다. 세련되고 간결한 선묘와 균형 잡힌 비례 등에서 뛰어난 조형성을 느낄 수 있는 조선 전기 불교조각의 귀중한 유물입니다.

보타사 마애보살좌상(보물 제1828호)은 백의관음을 연상시키듯 불신에 하얗게 호분을 발랐고, 어깨 위로 검은 보발이 길게 드리워 있습니다. 삼면 절첩형의 보관을 쓰고, 보관의 좌우에 뿔 모양의 관대가 수평으로 뻗어 있는 등의 전반적인 표현 양식이 서울 옥천암 마애보살좌상과 흡사합니다. 양식상 여말선초에 조성된 불상들과 유사한 특징을 보이는데, 이 시기 불교조각 연구에 귀중한 자료입니다.

인명원仁明園은 정조의 후궁인 원빈 홍씨의 무덤입니다. 원빈 홍씨는 정조의 후궁으로, 호조참판 홍낙춘의 딸이며 홍국영의 누이입니다. 1778년(정조 2)에 빈으로 간택되어 창덕궁 정전에서 가례를 올렸는데, 다음해 14세의 나이로 갑자기 창덕궁 양심합養心閤에서 죽었습니다. 이때 시호를 인숙仁淑, 원호를 인명仁明이라 하였습니다.

정조는 원빈의 행장을 직접 지었는데, 그것이 장서각 소장의 〈어제인숙원빈행장御製仁淑元嬪行狀〉입니다. 인명원은 일제강점기에 서삼릉의 후궁 묘역으로 이장되었습니다.

풍년 들기를 기원하며 임금이 친경하던 곳, 선농단

고려대학교 본관은 1934년에 세워진 고려대학교 내의 건물로, 설계자는 한국 근대 건축의 선구자인 박동진이고, 시공자는 후지타 고지로입니다. 박동진은 1910년 정주의 오산학교를 졸업했으며, 1919년 3·1운동에 참가하여 2년의 집행유예를 선고 받았습니다. 1926년 경성고등공업학교 건축과를 졸업하고, 조선총독부의 건축부서에서 근무했습니다. 박동진은 고려대 본관 건물의 설계를 계동에 있는 김성수의 집 2층에서 했다고 합니다.

일제강점기 대학의 성격은 설립 주체에 따라 크게 선교사학, 일제관학, 민족사학으로 나눌 수 있습니다. 민족사학을 대표하는 보성전문 캠퍼스는 선교사학인 연희전문과 이화여자전문 그리고 일제관학인 경성제국대학 캠퍼스와 비교하여 손색 없는 규모와 수준으로 건축되었습니다. 본관 후문 돌기둥에 그려진 무궁화 한 쌍을 일제가 문제삼자,

1934년에 건립된 고려대학교 본관. 한국 근대 건축의 선구자인 박동진이 설계하였다.

설계자 박동진은 벚꽃이라고 속였다고 합니다. 박동진은 한민족의 자부심을 고려대 본관 건물에 불어넣었던 것 같습니다.

고려대학교 박물관의 출발은 1934년으로 거슬러 올라갑니다. 보성전문학교 교장 김성수는 자신이 소장하고 있던 민속품을 출연하고, 일본 동양문고 사서 출신의 손진태에게 유물의 수집과 정리를 맡겼습니다. 보성전문학교 창립 30주년 기념사업을 계기로 각처에서 유물 기증이 이어졌고, 안함평 여사가 출연한 거액의 희사금을 토대로 다수의 유물을 수집할 수 있었습니다.

소장품 규모는 개관 초기인 1942년 무렵 이미 3천여 점에 달했으며, 현재는 고고, 역사, 민속, 서화, 도자, 현대미술에 걸쳐 10만 2,500여 점의 유물을 소장하고 있습니다. 대표적인 유물은 국보로 지정된 분청사기인화문태호(국보 제177호), 혼천시계(국보 제230호), 동궐도(국

보 제249호)와 국가지정기록물 제1호(유진오 제헌헌법 초고), 제2호
(안재홍 미군정 자료) 등입니다.

보제원은 흥인문 밖 3리 지점(현재의 안암동 로터리)에 있었는데,
한성에서 동북 방향으로 드나드는 길목이었습니다. 보제원은 태종 때
부터 성종 때까지 숙식제공 외에 구료사업救療事業도 벌였습니다. 보제원
은 도성 내 병자의 구료를 주업무로 하였으나, 때로는 무의탁자를 수용
하거나 행려병자를 돌보는 등 구휼기관으로서의 역할도 하였습니다.

선농단先農壇은 농사짓는 법을 가르쳤다고 일컬어지는 고대 중국의
제왕인 신농씨神農氏와 후직씨后稷氏를 주신으로 제사 지내던 곳입니다.
선농의 기원은 멀리 신라시대까지 소급되는데, 조선시대에도 태조 이
래 역대 임금들이 이곳에서 풍년이 들기를 기원하며 선농제先農祭를 지
냈습니다.

제를 올린 뒤에는 선농단 바로 남쪽에 마련된 적전籍田에서 왕이 친
히 밭을 갈아, 백성들에게 농사일의 소중함을 알리고, 권농에 힘썼습니
다. 왕이 적전에서 친경할 때에는 농부들 중에서 나이가 많고 복 있는
사람을 뽑아 동참하게 하였습니다. 왕이 선농단에서 친경하는 제도는
1909년(융희 3)을 마지막으로 폐지되었습니다. 1476년(성종 7)에는 이
곳에 관경대觀耕臺를 쌓아 오늘날의 선농단이 되었습니다.

선농단 향나무는 현재 국내에서 자라고 있는 향나무 중 가장 크
고 오래된 것의 하나입니다. 나무의 높이가 10m, 가슴 높이의 직경이
72cm, 가지 밑 줄기의 높이가 2.3m나 됩니다. 정확한 수령은 알려지지
않았으나, 선농단이 1392년에 지어진 것과 관련지어 볼 때 500년은 넘
은 것으로 추정하고 있습니다.

동묘東廟는 중국 장수 관우를 모신 사당 관왕묘로서 동쪽에 있어 동

(위) 선농단의 홍살문.
동서남북 네 곳에 세워져 있다.

(아래) 선농단에 남아 있는
수령 500년의 향나무.

묘라고 부릅니다. 임진왜란 때 조선과 명나라가 왜군을 물리치게 된 까닭이 관우 장군의 덕을 입었기 때문이라고 여겨, 명나라 황제가 직접 비용과 현액을 보내와 건립되었습니다. 임진왜란 이후 동대문 밖에 동묘, 남대문 밖에 남묘가 설치되었으며, 고종 때 명륜동에 북묘, 서대문 천연동에 서묘가 세워져 모두 네 곳에 관왕묘가 있었습니다. 현재는 동묘만이 제자리를 지키고 있습니다.

동망봉, 단종과 정순왕후의 애절한 사랑을 전하다

한양의 좌청룡 봉우리인 낙산 정상에서 동쪽으로 작은 산줄기가 뻗어나가 낮게 솟은 봉우리가 동망봉東望峰입니다. 단종과 정순왕후의 애절한 이별, 그리고 평민으로 살아남은 정순왕후의 신산스런 삶이 오롯이 녹아 있는 곳입니다.

자지동천紫芝洞天은 단종의 비 송씨(정순왕후)가 염색할 때 이용한 우물로, 붉은 빛이 나서 염료 없이도 옷감을 염색했다는 설화를 낳은 곳입니다. 영월로 귀양 간 단종을 애절하게 기다리며 정업원에서 은둔 생활을 하던 단종비 송씨는 명주로 댕기, 저고리 깃, 옷고름, 끝동 등을 만들어 시장에 내다 팔아 생계를 이어갔습니다. 어느 날 청룡사에서 300m 떨어진 화강암 바위 밑에서 흘러나오는 샘물에 명주를 담갔더니 자주색 물이 들었다는 것입니다. 당시 명주를 널어 말리던 바위에는 '紫芝洞泉'이라는 글씨가 새겨져 있고, 인근에는 청룡사, 동망봉, 여인 시장 등 단종애사에 얽힌 명소가 산재해 있습니다. 자지紫芝란 자줏빛을 띠는 풀 이름을 말합니다.

(위) 동망봉 끝자락에 세워진 동망정.
(아래) 자줏빛 물이 드는 샘물이 솟았다는 자지샘.

단종은 1441년 문종이 세자였던 시절에 태어났습니다. 12살의 어린 나이로 즉위한 다음 14살 때 1살 많은 정순왕후 송씨와 결혼합니다. 하지만 1453년의 계유정란으로 권력은 작은아버지 수양대군의 손에 넘어갔으며, 단종은 1455년 세조(수양대군)에게 임금 자리를 잃고 노산군으로 강등되어 영월로 귀양을 떠나야 했습니다. 그리고 1457년 17세로 죽음을 맞이합니다.

18살의 왕비는 평민이 되어 도성 밖 낙산 기슭 정업원에서 시녀 3명과 구걸로 눈물겹게 살아갑니다. 이를 안 부녀자들이 몰래 먹을거리를 해결해주자, 부녀자의 접근도 금지해버립니다. 조정에서 영빈정이란 집을 지어주었으나, 송씨는 그 집에 들어가지 않고 암자에 거주하며 옷감을 염색하는 일로 어렵게 살아갔습니다.

동망정 아래 바위를 잘라낸 모습. 영조가 쓴 '동망봉東望峯'이란 암각글씨가 있었으나 지금은 흔적을 찾을 수 없다.

송씨는 세조, 예종, 성종, 연산군, 중종 대를 거치며 82세까지 살다가 죽었는데, 묻힐 곳이 없어서 단종의 누나 경혜공주의 시집인 해주 정씨 집안의 묘역에 묻혔습니다. 1698년(숙종 24)에 단종이 복권되자, 송씨도 대군의 부인에서 정순왕후로 복권되고, 그녀의 묘도 사릉이 됩니다. 단종의 묘는 영월에 있는 장릉으로 죽어서도 만나지 못했습니다.

청룡사는 922년(고려 태조 5) 도선국사의 유언에 따라 왕명으로 창건되었습니다. 풍수지리적으로 한양의 외청룡에 해당되는 산등성이에 지었다고 청룡사라 하였다고 합니다. 줄곧 비구니 스님만이 주석한 것이 이 절의 특색입니다. 부근에서는 청룡사 고개 너머에 있는 보문사 창건 이후 43년 만에 처음 세워진 절이라 하여 '새절 승방'이라고 불렀습니다.

조선시대에는 1405년(태종 5) 무학대사를 위하여 왕명으로 중창이 이루어졌습니다. 도선국사를 위하여 창건한 이래 두 번째로 왕명에 의한 중창입니다. 영조 때는 단종의 왕비 정순왕후가 이곳에 있었다 하여 영조가 직접 '정업원구기淨業院舊基'라는 글을 내려 비석과 비각을 세우게 했습니다. 이때 절 이름을 잠시 정업원이라고도 불렀습니다.

청룡사는 왕실의 여인과 관계가 많은 곳입니다. 고려 말의 명신 이제현의 딸이자 공민왕비인 혜비惠妃가 이곳에 거주하였으며, 조선 초에는 태조의 딸 경순공주가 머물렀습니다. 특히 단종이 영월로 유배 갈 때 단종과 정순왕후는 이곳 우화루雨花樓와 영리교에서 마지막 이별을 하였으며, 왕비는 영월이 있는 동쪽이 잘 보이는 동망봉 아래 청룡사 부근에서 평민으로 살아갔습니다.

'여인시장 터'는 싸전골米廛洞에 있던 채소시장으로 일제강점기까지 열렸다고 합니다.《한경지략》에 "남자들만 장에 다니던 시대에 부녀자

(위) '정업원구기淨業院舊基' 표석이 있는 비각. 청룡사 경내에 있다.
(아래) 청룡사 우화루에서 단종과 정순왕후의 애절한 마지막 이별이 있었다.

단종과 정순왕후의 이별의 사연을 간직한 영도교.

들만 드나들 수 있는 채소시장이 있었는데, 이를 여인시장이라고 불렀
다"고 기록하고 있습니다. 정순왕후가 동망봉 부근에서 궁핍한 생활을
하며 살게 되자, 여인시장의 아낙네들이 채소 등 먹을거리를 도와주었
다고 합니다.

　영도교永渡橋는 단종이 영월로 귀양 갈 때 정순왕후와 이 다리에서
마지막 이별을 하고 다시는 못 건너올 다리라고 해서 영도교라 했는데,
영영 이별하는 다리라고 영리교永離橋라고도 하였습니다.

담장도 없는 초가집에서 산 정승

비우당庇雨堂은 '비를 피할 만한 집'이라는 뜻으로, 실학자 이수광이 《지봉유설》을 저술한 곳입니다. 원래는 조선 태조 때부터 세종까지 4대 35년간 정승을 지낸 이수광의 외가 5대조 할아버지 유관의 집터였습니다.

유관은 형조판서를 거쳐 세종 때 우의정에 올랐습니다. 그가 88세로 세상을 떠나니, 세종이 백관을 거느리고 경복궁 안 금천교 밖에 쳐놓은 장막까지 나와 애도하였다고 합니다. 그는 나라에서 받은 녹봉을 다리를 놓고 길을 넓히는 데 쓰거나 인근 동네 아이들에게 붓과 먹을 사주는 데 썼습니다. 그리고 자신은 담장도 없는 초가집에 살았습니다.

"내가 남길 유산이라 할 것이 없으니, 청빈을 대대로 자손들에게 물려주기 바란다."

청빈한 생활로 일관하다가 죽음에 임하여 그가 남긴 유언은 이 한마디뿐이었다 합니다.

유관이 살던 집터는 그의 4대 외손인 이희검이 이어 받았습니다. 그는 태종의 아들 경녕군의 현손으로 성품이 고결하고 도량이 넓었으며, 내외 요직을 두루 거치면서도 청빈하게 살았습니다.

"옷은 몸을 가리면 족하고, 음식은 배만 채우면 그만이다."

이것이 그의 생활신조였습니다. 죽을 때 병조판서의 자리에 있었으나, 집에 곡식도 돈도 남은 것이 없어서 친지들이 추렴하여 겨우 장사를 지냈다 합니다. 그 후 임진왜란으로 폐허가 된 것을 이희검의 아들 이수광이 복원하여, '비우당'이란 당호를 달았습니다. 이수광은 〈동원비우당기東園庇雨堂記〉를 지어 당호를 짓게 된 동기를 다음과 같이 적고 있습니다.

"우리 집은 흥인문 밖 낙봉駱峰 동쪽에 있다. 상산商山의 산줄기 한 자락이 남으로 뻗어 고개를 숙인 듯한 모습을 하고 있는 것이 지봉芝峰이다. 그 위에 수십 명이 앉을 만한 넓은 바위가 놓여 있고, 십여 그루의 소나무가 비스듬히 지붕처럼 덮고 있는 정자는 서봉정棲鳳亭이다. 정자 아래 백여 묘畝 넓이의 동원東園이 그윽하게 펼쳐져 있는데, 속세를 떠나 한적하게 살기 좋은 곳이다. 일찍이 이곳에 청백리로 이름을 떨친 유관 정승이 초가삼간을 짓고 사셨다. 비가 오면 우산으로 빗물을 피하고 살았다는 일화가 지금까지 전해온다. 이분이 나의 5대조 외할아버님이다. 우리 아버님께서 이 집을 조금 넓혔다. 집이 소박하다고 누가 말하면, 우산에 비해 너무 사치스럽다고 대답하여 듣는 이들이 감복하였다. 내가 못나고 어리석어 조상께서 꾸려오신 이 집을 보전하지 못하였으니, 임진왜란을 겪으며 주춧돌만 남긴 채 모두 사라지고 말았다. 이 옛터에 조그마한 집을 짓고 비우당이라고 이름하였다. 비바람을 겨우 막겠다는 뜻이다. 우산을 받고 살아오신 조상의 유풍을 이어간다는 뜻도 그 속에 담겨 있다."

(위) 이수광이 머물며 《지봉유설》을 집필한 비우당 옛터 표석.
(아래) 원래의 위치에서 옮겨와 복원해놓은 비우당.

이수광은 1563년(명종 18)에 태어난 태종의 6대손입니다. 별시문과에 급제하여 홍문관, 사헌부, 사간원 등 삼사三司에서 관직을 지냈습니다. 임진왜란 후 대사헌과 대사간, 광해군 때에는 도승지와 이조참판을 지냈습니다. 정묘호란 때는 인조 임금을 강화까지 호종하고 이조판서에 올랐으나, 벼슬에 연연하기보다는 당시 사회의 모순과 피폐함을 깨닫고 해결 방안을 강구하였습니다. 이 같은 그의 생각을 집대성한 것이 일종의 백과사전인《지봉유설》입니다. 그는 명나라 수도 연경에 사신으로 다녀오면서 마테오 리치의《천주실의》를 가져와 우리나라에 천주교를 소개하기도 하였습니다.

이수광은 비우당에 살면서 이곳의 여덟 경치 '비우당 팔경'을 시로 읊었습니다. 각기 오언절구로 이루어진 시의 제목은 다음과 같습니다. '흥인문 밖 연못가의 실버들東池細柳' '북악의 성긴 소나무北嶽疎松' '낙산 위의 맑은 구름駱山晴雲' '아차산의 저녁 비峩嵯暮雨' '앞 개울에서 발 씻기前溪洗足' '뒷밭에서 영지버섯 캐기後圃採芝' '바위골의 꽃구경岩洞尋花' '산상 정자에서의 달맞이山亭待月'.

안양암安養庵은 1889년(고종 26) 성월대사가 창건한 정토도량으로 안동 권씨 감은사 종중의 소유라고 하는데, 원효종 소속 사찰로 분규가 끊이지 않았습니다. 원래 사찰과 땅의 소유주가 별도인 개인사찰이었던 것을 한국불교미술박물관 권대성 관장이 사들여 조계종 조계사의 말사로 등록하면서 안정을 찾았습니다.

이곳에는 조선 말기에 조성된 전각, 불화, 불상, 공예품 등이 보존되어 있는데, 대부분 문화재로 지정되어 있습니다. 사찰 전체가 문화재로 100여 년의 짧지 않은 세월을 머금고 있는 성보들입니다.

대웅전 석가모니불 뒤로 아미타후불도, 감로도, 그리고 석가모니불의 일생을 여덟 단계로 나눠 그린 팔상도가 병풍처럼 벽면을 장식하고 있습니다. 모두 조선 말기 대가들의 역작입니다.

마애관음보살좌상은 안양암의 상징물로 손색이 없습니다. 바위 절벽에 감실을 마련해 관음보살좌상을 새겼습니다. 관음전 바위 벽면에 새긴 조성 명문에는 1909년에 새겼다는 내용이 보입니다. 조선 말기의 마애불 연구에 중요한 자료로 평가 받고 있습니다.

하늘이 감춘 명당,
천장산에 오르다

기행 코스

천장산에서 바리봉을 지나 배봉산에 이르는 산줄기를 따라
그곳에 조성되었던 능원과 그 원찰願刹을 둘러보는 일정

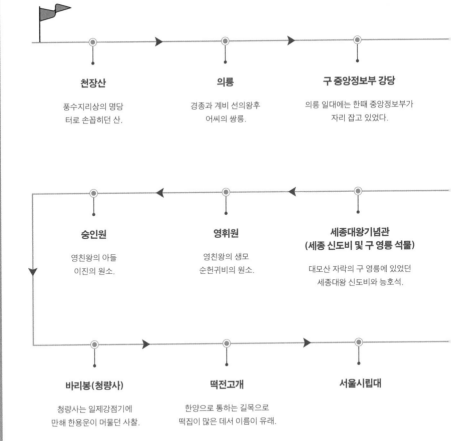

천장산

풍수지리상의 명당
터로 손꼽히던 산.

의릉

경종과 계비 선의왕후
어씨의 쌍릉.

구 중앙정보부 강당

의릉 일대에는 한때 중앙정보부가
자리 잡고 있었다.

숭인원

영친왕의 아들
이진의 원소.

영휘원

영친왕의 생모
순헌귀비의 원소.

**세종대왕기념관
(세종 신도비 및 구 영릉 석물)**

대모산 자락의 구 영릉에 있었던
세종대왕 신도비와 능호석.

바리봉(청량사)

청량사는 일제강점기에
만해 한용운이 머물던 사찰.

떡전고개

한양으로 통하는 길목으로
떡집이 많은 데서 이름이 유래.

서울시립대

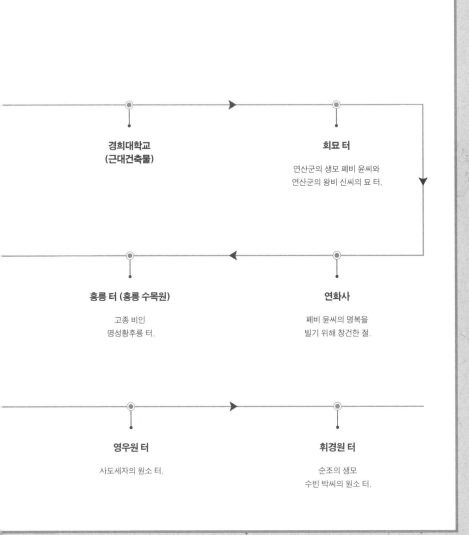

**경희대학교
(근대건축물)**

회묘 터

연산군의 생모 폐비 윤씨와
연산군의 왕비 신씨의 묘 터.

홍릉 터 (홍릉 수목원)

고종 비인
명성황후릉 터.

연화사

폐비 윤씨의 명복을
빌기 위해 창건한 절.

영우원 터

사도세자의 원소 터.

휘경원 터

순조의 생모
수빈 박씨의 원소 터.

천장산 일대에 왕족의 묘지가 많은 이유

천장산(140m)과 배봉산(108m)은 도심의 빌딩 사이로 비죽이 고개를 내민 녹지대의 섬처럼 보입니다만, 상상력을 발휘하여 자세히 살펴보면 빌딩 사이로 야트막이 길게 이어진 산줄기의 봉우리임을 알 수 있습니다.

북한산성의 대동문과 보국문 사이에서 남동쪽으로 뻗은 칼바위능선은 화계사의 주봉을 이루고 수유리 고개를 넘어 '북서울 꿈의 숲'이 있는 오패산(123m)에 닿고 다시 동남쪽으로 장위동 고개를 넘어 천장산에 이릅니다. 동쪽으로 의릉을 품고 서쪽으로 경희대의료원이 들어선 '회묘 터'를 감싸고 있는 천장산에서 다시 뻗어나온 산줄기는 회기동 고개인 안화현을 넘고 청량사가 기대고 있는 바리봉과 떡전고개를 지나 시립대 뒷산인 배봉산으로 이어지며, 구 촬영소 뒷산에서 중랑천과 청계천을 만나 산줄기를 마감합니다.

천장산은 이 산줄기의 중간쯤에 해당하는 회기동, 청량리동, 석관동에 걸쳐 있습니다. 회기동回基洞의 이름은 '회묘 터'에서 유래됐고, 석관동石串洞은 천장산의 한 지맥이 돌을 꽂아놓은 듯이 보여 '돌곶이마을'이라고 하던 것을 한자명으로 옮긴 것이며, 청량리동은 청량사淸凉寺에서 비롯된 이름입니다.

천장산 의릉에서 경희의료원 자리의 회묘 터를 지나 홍릉으로 향합니다.
홍릉 일대를 둘러본 후 떡전고개를 지나 정조의 효심이 깃든
배봉산 줄기의 유적을 찾습니다.

천장산에서 바라본 도봉산.

　　천장산은 예로부터 풍수지리상의 명당 터로 손꼽히던 곳입니다. 연화사의 삼성각 상량문에 따르면 "진여불보眞如佛寶의 청정법신淸淨法身이 시방삼세에 두루 넘치지만 드러나 보이지 않으므로 절의 뒷산을 천장산이라 부른다"고 하였듯이, 사찰의 입지조건으로 가장 빼어난 명당 터라서 '하늘이 감춰놓은 곳'이라는 산 이름을 얻었습니다.

　　이러한 연유로 천장산 일대는 조선 왕족의 묘지가 많이 조성되었습니다. 경종과 계비 선의왕후 어씨의 쌍릉인 의릉懿陵은 지금까지 남아 있습니다. 연산군의 생모 폐비 윤씨의 묘와 연산군의 왕비였던 신씨의 묘도 이곳에 조성되었으나, 지금은 모두 이장되어 '회묘 터'라는 한자 이름만 전해옵니다. 그것도 '회묘 터懷墓'가 아니라 '돌아온 터回墓'로 바뀌어 동네 이름으로 남아 있습니다.

경종과 선의왕후의 능인 의릉. 의릉은 동원상하릉이다.

을미사변으로 시해된 명성황후의 능은 고종과 남양주 홍릉洪陵으로 합장되기 전까지 이곳에 있었습니다. 고종의 계비이자 영친왕의 생모 인 순헌귀비의 영휘원永徽園과 영친왕의 아들 이진의 묘소인 숭인원崇仁園 역시 이곳 숲속에 자리하고 있습니다. 이 일대를 모두 아울러 '홍릉'이 라고도 하였습니다.

또한 주변에는 천안 전씨全氏의 시조인 전섭과 전씨 종가의 세 공신 인 삼충공三忠公 이갑, 의갑, 악을 추모하기 위하여 1925년에 의친왕 이 강이 건립한 제단이 남아 있습니다. 전섭은 온조왕이 처음 백제를 세울 때 공을 세운 십제공신十濟功臣 중 한 명으로 환성군에 봉해져 천안에 정 착했다고 하는데, 환성은 천안의 별호입니다.

의릉은 경종과 계비 선의왕후의 능입니다. 왕과 왕비의 봉분을 앞

뒤로 배치한 동원상하릉으로 조선시대 왕릉 가운데 효종과 인선왕후 장씨가 묻힌 여주의 영릉이 같은 구조입니다. 능에는 병풍석이 없이 난간석만 있으며, 난간 석주에는 12지를 넣어 방위를 표시하였습니다. 위쪽에 놓인 왕의 능에만 곡장을 두르고 있습니다.

경종은 숙종의 장남으로 계비인 희빈 장씨와의 사이에서 태어났습니다. 숙종에게는 희빈 장씨 외에 인경왕후 김씨, 인현왕후 민씨, 인원왕후 김씨가 있었으나, 이들에게는 후사를 이어줄 아들이 없었습니다. 해서 경종은 태어난 지 두 달여 만에 원자로 봉해지는데, 이로 인해 당쟁이 격화하게 됩니다. 노론의 영수 송시열은 인현왕후가 아직 젊기에 후궁의 아들을 원자로 삼는 것은 시기상조라는 주장을 펴다가 유배되어 죽음을 맞이하였습니다. 이 사건으로 서인은 대거 축출되고, 남인이 조정을 장악하게 됩니다. 경종은 세 살의 나이로 다시 세자에

의릉의 정자각에서 바라본 홍살문.

책봉되었습니다.

그런데 경종의 나이 열네 살 때 희빈 장씨가 인현왕후 민씨를 저주하기 위해 취선당 서쪽에 마련해놓은 신당이 발각되어 '무고의 옥' 사건이 발생하게 됩니다. 이때 사약을 받은 희빈 장씨는 마지막으로 아들을 만나면서 무슨 이유에서인지 아들의 하초를 잡아당겨 기절시키는 이해하지 못할 일을 저지르게 됩니다. 이 때문인지 경종은 어릴 때부터 병약하여 임금이 된 후에도 병치레가 많았을 뿐만 아니라, 후사 또한 없어 즉위년(1720)에 연잉군을 왕세제로 책봉하였습니다. 경종은 재위 4년 만에 서른일곱 살의 젊은 나이에 세상을 떠났습니다.

선의왕후는 함원부원군 영돈녕부사 어유구의 딸로 1718년 세자빈이었던 단의왕후 심씨가 병으로 죽자 열다섯의 나이에 세자빈으로 책봉되었습니다. 경종의 즉위와 더불어 왕비가 되었지만 소생 없이 스물

천장산에서 내려다본 의릉 일대.

여섯 살에 승하하였습니다.

의릉은 한때 무소불위의 권력을 휘두르던 중앙정보부가 자리 잡고 있어 일반인의 출입이 금지되고, 능 주변에 중앙정보부 축구장을 만드는 바람에 많이 훼손되었습니다. '중앙정보부'가 '국가정보원'으로 이름을 바꾸고 세곡동 대모산 아래로 이전하면서 다시 원상 복구되었습니다.

비극의 황후 명성황후: 홍릉에는 홍릉이 없다

홍릉수목원 앞 삼거리 일대를 홍릉이라 부르고 예의 홍릉갈비로 유명한 지역이 되었습니다만, 지금은 아무리 찾아봐도 홍릉은 없습니다.

홍릉洪陵은 원래 고종 비인 명성황후의 능으로 1895년에 시해당한 후 일제의 간섭으로 능을 조성하지 못하고 있다가 1897년에 비로소 이곳에 모셨습니다. 그 뒤 고종이 승하한 1919년 경기도 금곡으로 이장해 고종과 합장하였으며, 순종과 그의 비 순명효황후 그리고 계비 순정효황후의 능인 유릉裕陵이 그곳에 들어서면서 지금은 홍유릉이라 부르고 있습니다.

명성황후는 민씨 정권을 세우고 왕실 정치에 간여하며 대원군에 맞서 정쟁을 벌이다 1882년 임오군란으로 신변이 위태롭게 되자, 장호원으로 피신 중 청나라의 도움으로 대원군을 밀어내고 민씨 정권을 재수립하였습니다.

1884년의 갑신정변으로 민씨 일파가 실각하자 명성황후는 청나라를 개입시켜 개화당 정권을 무너뜨렸으며, 1894년 대원군의 재등장으로 갑오경장이 시작되자 러시아와 결탁하여 일본세력의 추방을 기도하다가 1895년 일본공사 미우라 고로가 보낸 자객에 의해 시해당하였습니다. 건청궁 옥호루에서 시해당한 명성황후의 시신은 거적에 말려 건청궁 옆 녹산鹿山에서 소각되었다고 합니다.

명성황후는 그 후 일제의 사주에 의해 폐위되어 서인이 되었다가 복호復號되어 1897년 명성明成이라는 시호를 받고 그해 11월 국장이 치러집니다. 명성황후가 25년 동안 묻혀 있던 홍릉 수목원 안에는 지금은 능의 터를 알리는 표석만 남아 있습니다.

홍릉 터 남쪽에는 고종의 계비 엄비의 묘소가 있는 영휘원과 영친왕의 맏아들 이진의 묘소인 숭인원이 자리하고 있으며, 영휘원 북쪽에

1897년 11월에 치러진 명성황후의 국장 모습.

는 세종대왕기념관이 건립되었습니다. 홍릉 터 나머지에는 1960년대부터 과학연구기관이 들어섰는데, 한국 유일의 식물표본지구인 임업연구원을 비롯하여 한국과학기술연구소, 한국과학기술정보센터, 한국개발연구원KDI, 한국국방연구원KIDA 등이 있었습니다.

영휘원은 조선의 마지막 황태자 영친왕의 사친인 순헌귀비 엄씨의 원소園所입니다. 엄귀비는 여덟 살 때 경복궁에 들어가 명성황후의 시위상궁이 되었다가, 명성황후가 시해된 다음 아관파천 때 고종을 모시며 후궁이 되었습니다. 영친왕 이은을 출산하여 귀인에 봉해졌고, 1903년에는 황비에 책봉되었습니다. 양정의숙, 진명여학교, 명신여학교의 설립에 참여하는 등 근대 여성교육 발전에 기여했으며, 1911년 사망하자 원호園號를 영휘라고 하였습니다.

숭인원은 영친왕과 이방자 여사 사이에서 태어난 이진의 원소인데, 이진은 태어나 채 첫돌도 되기 전에 세상을 떠났습니다.

두 원은 곡장, 상설, 혼유석, 장명등, 망주석, 문인석, 무인석, 석마, 홍살문, 정자각, 비각, 제실 등의 묘역 시설을 갖추고 있습니다.

세종대왕기념관 마당에는 대모산 자락의 구 영릉에서 수습해온 세종대왕 신도비와 능호석들이 전시되어 있습니다.

연화사는 1499년(연산군

청계천의 물높이를 쟀던 수표.

대모산 아래 세종의 능에 세워져 있던 석물들. 여주로 천장하면서 남겨진 석물을
세종대왕기념관 마당으로 옮겨 전시하고 있다.

문인석.

무인석.

청량사 극락보전.

5)에 연산군의 생모 폐비 윤씨의 명복을 빌기 위해 창건되었습니다. 1504년(연산군 10) 윤씨의 회묘懷墓를 회릉懷陵으로 승격시켜 석물을 조성하였고, 1724년에 경종이 죽자 그 이듬해에 회릉 근처에 의릉을 만들고 연화사를 원찰로 삼았습니다. 회릉은 1969년 서삼릉으로 이장하였습니다.

　　청량사는 신라 말에 창건되었다고 전해지는데 1117년(고려 예종 12) 예종이 불교 거사였던 이자현을 불러 이 절에 머물게 하였다고 합니다. 원래는 홍릉 영휘원이 옛 절터였는데 1897년 명성황후의 홍릉을 만들면서 현재의 자리로 옮겼습니다. 일제강점기에 만해 한용운이 잠시 머물렀으며, 한용운의 회갑연이 이곳에서 조촐하게 열렸다고 합니다. 같은 시기에 불교계 대학자인 박한영 스님도 이 절에서 기거했는데, 극락전의 현판과 주련은 모두 박한영 스님의 글씨입니다.

정조의 효심이 깃든 배봉산

떡전고개는 서울시립대학교가 있는 전농동에서 청량리 정신병원이 있는 청량리 쪽으로 넘어가는 고개입니다. 지금은 철로가 가로지르고 있어 '떡전교' 또는 '떡전다리'라 불리는 철도 위에 놓인 다리를 건너야 합니다. 예전에 이 부근에 떡을 만들어 파는 떡집이 많아 사람들이 그곳을 떡점거리 또는 떡전고개라고 불렀습니다.

떡전고개는 한양으로 통하는 길목으로 경기 북부, 강원도, 그리고 함경도에서 한양으로 올라올 때 도성에서 시오리 거리에 있는 이곳에 이르러 배고픔도 달래고 옷매무새도 고치면서 잠시 쉬었다 가거나 하룻밤 묵어가기도 했던 곳입니다.

《선원보감》에 실려 있는 정조의 초상화.

배봉산拜峰山 자락에는 영우원永祐園과 휘경원徽慶園 터가 있었습니다. 영우원은 정조의 아버지 사도세자의 묘소이며, 휘경원은 정조의 후궁이자 순조의 생모였던 수빈 박씨의 묘소입니다.

배봉산의 이름도 이러한 역사적인 배경에서 나왔다고 합니다. 정조가 평생 못 다한 불효를

갚는다며 날마다 부친의 묘소를 향해 배례하였다는 데서 산 이름을 '배봉산'으로 불렀다는 설과 이곳 산기슭에 영우원과 휘경원 등 왕실의 묘원이 마련되면서 길손들이 고개를 숙이고 지나갔기 때문에 배봉拜峰으로 불렸다는 설과 산의 형상이 도성을 향하여 절하는 형세를 띠었기 때문이라는 설이 있습니다.

영우원은 원래는 수은묘垂恩墓라 하였으나, 정조가 임금에 오른 다음 영우원이라고 고쳐 불렀습니다. 1789년(정조 13) 화성으로 이장한 후에는 현륭원顯隆園으로 이름을 바꾸었으며, 고종 때 장조의황제로 추존되면서 '융릉隆陵'이라 부르게 되었습니다.

휘경원은 정조의 후궁이자 순조의 생모인 수빈 박씨의 묘입니다. 수빈 박씨는 1787년(정조 11) 정조의 후궁으로 간택되어 숙선옹주를 낳고 수빈에 책봉되었으며, 1790년(정조 14) 순조를 출산하였습니다.

1855년(철종 6)에 순조의 능인 인릉仁陵을 천장하면서 휘경원도 같은 경기도 진접읍으로 옮겼습니다. 지금은 휘경원 터의 자취를 찾아볼 수 없고, 휘경동이라는 지명으로만 전해지고 있습니다.

강남 빌딩 숲 사이의
문화유산

기행 코스

한성백제의 외곽 산성인 삼성리 토성과 숭유억불정책의 조선에서
잠시나마 부흥기를 맞이하였던 명종 대의 불교중흥 중심지 봉은사와
도심 속의 조선 왕릉 선·정릉을 둘러보는 일정

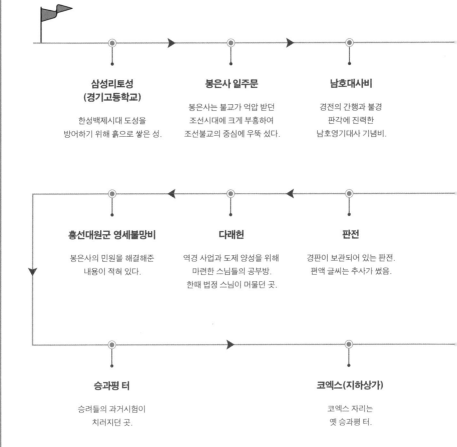

삼성리토성
(경기고등학교)

한성백제시대 도성을
방어하기 위해 흙으로 쌓은 성.

봉은사 일주문

봉은사는 불교가 억압 받던
조선시대에 크게 부흥하여
조선불교의 중심에 우뚝 섰다.

남호대사비

경전의 간행과 불경
판각에 진력한
남호영기대사 기념비.

흥선대원군 영세불망비

봉은사의 민원을 해결해준
내용이 적혀 있다.

다래헌

역경 사업과 도제 양성을 위해
마련한 스님들의 공부방.
한때 법정 스님이 머물던 곳.

판전

경판이 보관되어 있는 판전.
편액 글씨는 추사가 썼음.

승과평 터

승려들의 과거시험이
치러지던 곳.

코엑스(지하상가)

코엑스 자리는
옛 승과평 터.

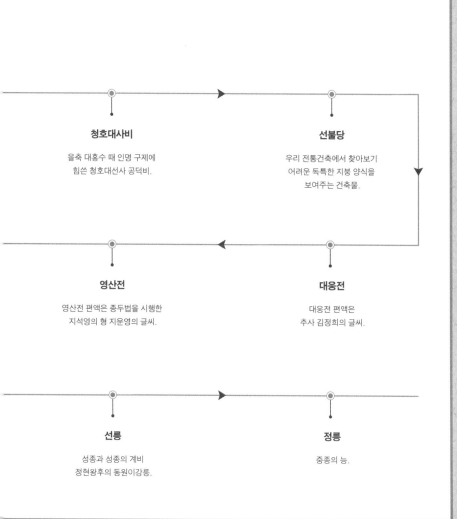

청호대사비

을축 대홍수 때 인명 구제에
힘쓴 청호대선사 공덕비.

선불당

우리 전통건축에서 찾아보기
어려운 독특한 지붕 양식을
보여주는 건축물.

영산전

영산전 편액은 종두법을 시행한
지석영의 형 지운영의 글씨.

대웅전

대웅전 편액은
추사 김정희의 글씨.

선릉

성종과 성종의 계비
정현왕후의 동원이강릉.

정릉

중종의 능.

한성백제의 숨결이 살아 있는 삼성리 토성

강남은 빌딩 숲으로 둘러쳐져 있습니다. 하지만 상상력을 조금만 발휘하면 빌딩 사이로 숨어 있는 산줄기의 흐름을 가늠할 수 있으며, 그 산줄기에 기대어 꽃피었던 문화유산도 친근히 느낄 수 있을 것입니다.

경기도 안성 칠현산에서 서북쪽으로 뻗은 한남정맥은 수원 광교산에 이르러 한 줄기는 서쪽으로 서해를 향해 내닫고, 다른 한 줄기는 북쪽으로 뻗어나가 백운산과 청계산을 지나 관악산에서 힘차게 솟구칩니다. 다시 북동쪽으로 방향을 바꾸며 우면산과 매봉산을 일구고 북쪽으로 국기원이 자리한 작은 봉우리를 지나 동쪽 봉은사의 뒷산인 수도산에서 봉긋 솟았다가 마침내 영동대교 동쪽의 한강으로 몸을 감춥니다.

한강으로 숨어들기 전에 봉긋이 솟아 있는 수도산은 한성백제시대에 도성을 방어하기 위해 흙으로 쌓은 삼성리 토성이 있던 곳입니다. 한성백제는 고구려와 마찬가지로 도성을 북성北城과 남성南城으로 나눈 2성체제로 운영하였습니다. 북성은 지금의 풍납토성이고, 남성은 몽촌토성입니다. 도성 밖에는 서쪽 수도산에 위치한 삼성리 토성, 동쪽 하남시 춘궁동 일대의 이성산성, 남쪽의 남한산성 그리고 한강 북쪽의 아

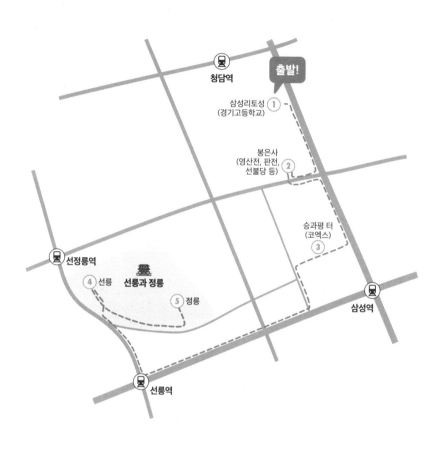

청담역

출발!

삼성리토성 ①
(경기고등학교)

봉은사 ②
(영산전, 판전,
선불당 등)

승과평 터 ③
(코엑스)

선정릉역

선릉과 정릉

④ 선릉

⑤ 정릉

삼성역

선릉역

경기고등학교 자리에 있는 삼성리토성 유적을 살펴본 후
조선 불교중흥의 중심사찰이었던 봉은사를 탐방합니다.
이어 이웃한 선정릉을 답사합니다.

(위) 삼성리 토성으로 추정되는 흔적. 경기고등학교를 신축하며 토성의 일부에 축대를 쌓았다.
(아래) 백제의 숨결을 느끼려는 답사 발걸음이 삼성리 토성으로 향하고 있다.

차산성이 외성으로서 도성을 호위하였습니다.

삼성리 토성은 길이 170칸, 높이 약 1칸의 토루土壘가 산허리를 에워싸고 한강에 닿아 있는 흙으로 쌓은 산성으로, 1970년대까지만 해도 유단식有段式의 축성 형태가 뚜렷한 성벽이 350m 가량 남아 있었습니다. 강북에 있던 경기고등학교가 이곳으로 이전하면서 마구 파헤쳐져 그 흔적을 찾아볼 수 없고, 다만 경기고등학교 북쪽의 축대 부분을 토성의 흔적으로 추정할 따름입니다.

삼성리 토성은 지정학적 관점에서도 중요한 위치를 차지하는 곳입니다. 한강으로 유입되는 탄천을 조망하며 북으로 중랑천과 맞닿아 있는 뚝섬 쪽을 바라보고 있어, 한강 남쪽에 자리한 한성백제의 도성을 방어하기에 최적의 위치라고 할 수 있습니다.

봉은사, 조선불교의 중심으로 우뚝 서다

삼성리 토성이 자리 잡은 수도산의 남쪽 품에는 유서 깊은 고찰 봉은사가 품에 안기어 있습니다. 봉은사奉恩寺는 794년(원성왕 10)에 연회국사緣會國師가 견성사見性寺라는 이름으로 창건했다고 하지만, 그에 대한 사료는 전해지는 것이 없습니다. 다만 《삼국사기》에 봉은사가 일곱 곳의 성전사원成典寺院 중의 하나라는 기록이 실려 있는데, 이를 근거로 추정할 뿐입니다.

성전사원이란 왕실과 국가의 안녕을 기원하던 통일신라시대의 기복사찰을 일컫는데, 사천왕사, 황룡사, 영흥사 등이 이에 해당합니다. 이러한 성전사원의 전통은 고려를 건국한 왕건의 진영眞影을 모신 사찰

(위) 도심 속의 사찰 봉은사.
(아래) 봉은사 범종각.

인 진전사원眞殿寺院으로 그 맥을 이어갔습니다.

조선시대에 들어와 성종의 계비인 정현왕후 윤씨가 1498년(연산군 4) 성종의 능宣陵을 위해 능의 동편에 있던 견성사를 중창하여 원찰로 삼고 이름을 봉은사로 고쳤습니다. 1562년(명종 17)에는 선릉 곁에 있던 봉은사를 수도산 아래 지금의 위치로 확장 이전하고, 봉은사가 있던 자리에는 서삼릉에 있던 중종의 능靖陵을 옮겨왔습니다.

이렇게 선릉과 정릉이 합해진 선·정릉의 권역이 정해지고, 봉은사는 선·정릉의 원찰 역할을 하게 됩니다. 이때부터 봉은사는 태조의 원찰이었던 회암사, 세조의 능인 광릉의 원찰 봉선사와 더불어 조선 왕실에서 지대한 관심을 기울이는 사찰로 격이 높아지게 됩니다.

성리학을 기본으로 나라를 세운 조선은 억불의 한 정책으로 사찰의 수를 대폭 줄였습니다. 태종 대에 국가에서 인정하는 사찰을 242개로 줄였고, 세종 대에 와서는 선교양종禪敎兩宗으로 나누어 각각 18개 사찰씩 36개 사찰만 인정하였습니다. 연산군 대에 와서는 이마저도 완전 폐지되며 선교양종의 체제는 무너졌습니다.

승과제도는 고려시대부터 시작된 일종의 승려 등용을 위한 국가고시 제도였습니다. 조선시대에 들어와서도 성종 대까지는 지속되었으나 연산군 대부터 시행이 중지되었습니다.

이렇듯 존폐의 위기에 몰렸던 불교가 명종 대에 와서 일시적인 부흥기를 맞이합니다. 12살의 어린 나이로 왕위에 오른 명종을 대신해 수렴청정을 한 어머니 문정왕후는 불교를 중흥시키려는 여러 정책을 폈습니다. 유신들의 극렬한 반대에도 불구하고 문정왕후를 보좌하며 불교중흥정책을 추진하는 데는 봉은사 주지 보우 스님의 힘이 컸습니다.

봉은사는 역설적으로 불교가 억압 받던 조선시대에 크게 부흥하여

사찰인 듯 공원인 듯 한가로운 봉은사의 풍경.

조선불교의 중심에 우뚝 섰습니다. 문정왕후는 선교 양종의 체제를 부활시켜 봉은사를 선종을 총괄하는 선종수사찰禪宗首寺刹로, 봉선사를 교종을 총괄하는 교종수사찰敎宗首寺刹로 삼았으며, 보우 스님과 함께 봉은사를 중심무대 삼아 불교중흥정책을 펼쳤습니다.

불교중흥정책의 하나로 그동안 폐지되었던 승과僧科가 다시 부활되었습니다. 승과는 잡과雜科와 함께 3년마다 과거가 시행되었는데, 명종대에 몇 차례 시행되고 문정왕후가 죽은 다음 완전히 폐지되고 말았습니다.

임진왜란 이후 조선불교를 부흥시킨 서산대사와 사명대사는 이때 시행된 승과에 급제한 인재들이었습니다. 승과에 합격하면 승려로서의 신분을 보장 받을 수 있기 때문에, 많은 승려들이 과거장에 모여 들었습니다. 그 많은 사람들이 모여 과거시험을 보던 곳이 봉은사 앞 벌판인 승과평僧科坪으로, 지금은 국제전시장인 코엑스가 들어서 있습니다.

1565년(명종 20)에 문정왕후가 갑자기 서거하자 잠시 부흥기를 맞이했던 불교는 다시 탄압과 쇠락의 길을 걷게 됩니다. 그 중심에 섰던 보우 스님도 졸지에 요승으로 지탄 받고 탄핵되어 제주도로 유배를 가게 되었으며, 그곳에서 장살杖殺로 비참하게 생을 마감하게 됩니다.

추사 예술의 결정판: 판전版殿 글씨

봉은사에는 볼 만한 유적들이 많이 있습니다. 경전목판과 명필의 편액扁額 글씨, 그리고 역사적 의미가 새겨져 있는 비석들이 그것입니다.

봉은사에서 가장 오래된 건물인 판전版殿에는 모두 3,749장의 경판이 보관되어 있습니다. 그 중의 대부분은 평생 경전을 판에 새기는 일을 하였던 남호南湖 스님이 판각한 화엄경판이고, 유마경, 금강경, 아미타경 등 15종의 경전목판도 함께 보관되어 있습니다.

판전版殿이라는 편액 글씨는 추사 김정희가 죽기 3일 전에 쓴 글씨라고 전해집니다. 더불어 대웅전 편액도 추사의 글씨인데, 이것은 삼각산 진관사 대웅전의 현판 글씨를 모각한 것입니다. 영산전靈山殿 편액은 국

경판을 보관하는 장경각이자 예불을 드리는 불전으로 봉은사에서 가장 오래된 건물인 판전.

어학자이자 의사로 종두법을 최초로 시행한 지석영의 형 지운영이 쓴
글씨입니다.

추사의 집안은 대대로 불교와 인연이 깊었는데, 예산의 추사고택
뒤의 화암사를 원찰로 둘 정도로 돈독했습니다. 추사의 부친 김노경은
당대 최고 선지식이었던 대흥사 해붕 스님과 교유했으며, 추사도 서른
살 무렵에 만난 초의선사와 평생 교유하였습니다. 추사는 함경도 북청
유배에서 풀린 1852년부터 세상을 떠날 때까지 아버지 김노경이 터전
을 잡은 청계산 아래 과천의 과지초당瓜地草堂에서 지내며 추사체를 완성
하였습니다.

봉은사 판전 현판. 추사가 죽기 3일 전에 쓴 글씨라 전해지고 있다.

　또한 인근에 있는 봉은사를 드나들며 주지 호봉응규虎峯應奎와 교분을 쌓았습니다. 이때 봉은사는 화엄경을 판각하는 불사를 하고 있었는데, 추사는 "금강경에서 부처님이 경전서사經典書寫 공덕을 높이 찬양한 것은 바로 호봉과 같은 이를 두고 한 말"이라면서 '판전版殿'이라는 현판을 써주었습니다. 추사가 죽기 3일 전의 일이었습니다. 그 글씨는 "참으로 무르익으면 오히려 어린아이의 그것처럼 순수해 보인다"는 의미를 지닌 대교약졸大巧若拙의 경지를 제대로 보여주는 추사 예술의 결정판으로 찬사를 받고 있습니다.

　봉은사 일주문을 지나면 오른쪽에 송덕비들이 즐비하게 서 있습니다. 그 중에서 눈여겨볼 만한 것은 판전에 보관된 경판을 판각한 '남호대율사비南湖大律師碑'와 한강을 범람케 한 을축년 대홍수(1925년) 때 많은 돈을 들여 708명의 인명을 구제한 '봉은사주지 나청호대선사 수해구제공덕비奉恩寺住持 羅晴湖大禪師 水害救濟功德碑입니다.

남호영기南湖永奇 대사는 당대의 화엄강백으로서 봉은사 이외에도 삼각산 내원암에서 아미타경을, 흥국사에서는 연종보감을, 철원 석대암에서는 지장경을 간행하고, 해인사 대장경을 인경하여 오대산 적멸보궁과 설악산 오세암에 봉안하는 등 경전의 간행과 보급에 진력하였습니다.

봉은사에 있는 추사기적비.

영기대사는 화엄경 판각을 결심한 다음 봉은사에서 뜻을 같이하는 사람들을 모아《화엄경소초華嚴經疏鈔》80권 등을 간행하였습니다. 경판 간행은 왕실의 내탕금과 각계의 시주를 얻어 이루어졌습니다. 1856년(철종 7)에 판각이 완성되자 경판을 봉안하기 위해 판전을 세우고, 추사 김정희의 글씨를 받아 현판을 걸었습니다. 1857년에는 판전에 신중탱화를 조성하여 봉안하였습니다.

을축 대홍수는 1925년 을축

년에 일어난 큰 홍수입니다. 7월 8일부터 장마가 시작되어 19일에 그쳤는데, 특히 16일과 17일에 집중호우가 내렸습니다. 한강 수위가 12.72m를 돌파하여 용산제방이 붕괴되었고, 서울 잠실 일대도 모두 물에 잠겼습니다. 잠실 지역 약 1,000호 4,000여 명의 주민이 지붕 위로 대피하였으나, 급기야 지붕 위까지 물이 차오르자 지금의 잠실 5단지 어름 가장 높은 곳에 있던 큰 느티나무 두 그루에 700여 명이 올라가 구조해달라고 아우성을 쳤습니다.

이 소식을 들은 봉은사 주지 청호 스님이 뱃사람을 수소문하여 구조에 나서자고 독려하였지만, 누구도 나서는 사람이 없었습니다. 그는 "사람을 구조해 오는 사람은 후한 상금을 주겠다"고 선언하고, 뱃사람을 움직여 같이 배를 타고 가서 노약자와 어린이부터 차례로 배에 태워 봉은사로 돌아왔습니다. 무사히 구조하여 배가 떠난 얼마 후에 느티나무 한 그루는 뿌리째 뽑혀 거친 물살에 떠내려갔으며, 한 그루는 남아

봉은사의 민원을 해결해준 대원군에게 감사하는 마음을 담은 대원군불망비.

있다가 1970년대 잠실 개발로 사라졌습니다.

청호 스님의 공덕을 기록한 《불괴비첩不壞碑帖》이 1926년에 편찬되고, 1929년에는 수해 이재민 대표들이 발기하여 '청호대선사 공덕비'가 건립되었습니다.

판전 아래 비각을 갖추고 위엄 있게 서 있는 비는 '흥선대원위 영세불망비興宣大院位永世不忘碑'입니다. 봉은사의 땅이 남의 농토에 섞여 여러 해 동안 송사에 시달렸는데, 대원군 덕택에 문제가 해결되었다는 내용이 적혀 있습니다.

빌딩 숲속의 세계문화유산 선정릉

유교의 가치관을 근본으로 한 조선사회에서는 사람이 살아 있다는 것은 정신을 다스리는 혼魂과 육신을 거느리는 백魄이 몸에 함께 있다는 것이고, 죽으면 혼백이 몸에서 빠져나가지만, 육신은 사라져도 초자연적인 정신은 영원하다고 믿었습니다.

그래서 산 자의 육신이 머무는 거주공간인 집과 궁궐은 양택陽宅이라 하고, 죽은 자의 혼을 모신 곳은 사당, 시신인 백을 모신 곳은 무덤이라 하여 이를 음택陰宅이라고 합니다.

조선왕조는 왕과 왕비 그리고 추존 왕과 왕비의 무덤인 왕릉 42기와 폐위된 두 왕의 무덤인 묘 2기가 모두 보존되고 있습니다. 그런 까닭에 그 문화적 가치를 인정받아 유네스코 세계문화유산으로 등재되었습니다.

지하철 2호선 역 이름으로도 불리는 선릉宣陵은 엄밀히 말하면 선릉

(위) 중종의 능인 정릉.
(아래) 성종비의 능에 있는 문인상, 무인상 그리고 석마.

강남 빌딩 숲 사이의 문화유산　173

과 정릉^{靖陵}의 두 왕릉이 합쳐져 있는 공간입니다. 선릉은 성종과 성종의 계비 정현왕후의 능이며, 정릉은 중종의 능입니다. 선릉은 왕과 왕비가 다른 언덕에 묻혀 있는 동원이강식^{同原異岡式}의 두 봉분으로 되어 있고, 정릉은 왕만 묻혀 있는 단릉^{單陵}입니다. 선릉은 선정릉 또는 능이 세 개라고 해서 삼릉^{三陵}이라고 달리 부르기도 했습니다.

선릉이 조성되는 과정에서 연산군은 자기의 출생의 비밀을 알게 되었습니다. 조선은 왕릉을 조성할 때 능에 모실 왕의 생애와 가계^{家系} 등을 상세히 기술한 지문^{誌文}을 작성하여 현재의 왕에게 최종 검토를 받고 함께 묻었는데, 연산군이 최종 검토를 하는 과정에서 자신이 폐비 윤씨의 아들임을 알게 되었던 것입니다. 그 후 엄청난 피바람이 불어 많은 사람들이 죽어 나갔습니다.

중종의 능인 정릉은 원래는 서삼릉에 있던 것을 옮겨온 것입니다.

선정릉의 재실.

문정왕후가 자신이 죽은 뒤 중종의 능 옆에 함께 있고 싶어 봉은사 가까이에 있는 선릉 옆으로 천장遷葬하고 봉은사를 그 원찰로 삼았습니다. 하지만 문정왕후는 그 뜻을 이루지 못하고 태릉에 묻혔습니다.

그런데 임진왜란 때 왜군에 의해 선·정릉이 크게 훼손되었다고 하는데, 훼손의 정도에서 중종의 정릉이 훨씬 심각했다고 전해집니다. 임진왜란 당시의 기록을 살펴보면 정릉은 능침에 시신이 없는 빈 무덤일 가능성이 높습니다.

한성백제의
유적을 따라

기행 코스

한강변에 남아 있는 한성백제의 역사유적인
백제 고분과 몽촌토성, 풍납토성을 둘러보는 일정

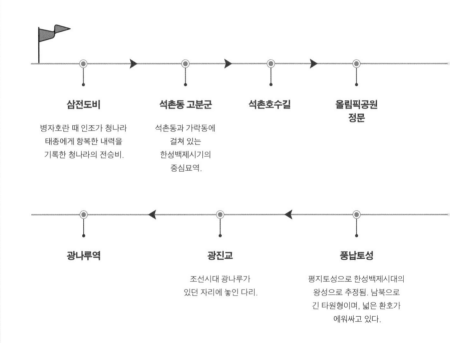

삼전도비

병자호란 때 인조가 청나라
태종에게 항복한 내력을
기록한 청나라의 전승비.

석촌동 고분군

석촌동과 가락동에
걸쳐 있는
한성백제시기의
중심묘역.

석촌호수길

**올림픽공원
정문**

광나루역

광진교

조선시대 광나루가
있던 자리에 놓인 다리.

풍납토성

평지토성으로 한성백제시대의
왕성으로 추정됨. 남북으로
긴 타원형이며, 넓은 환호가
에워싸고 있다.

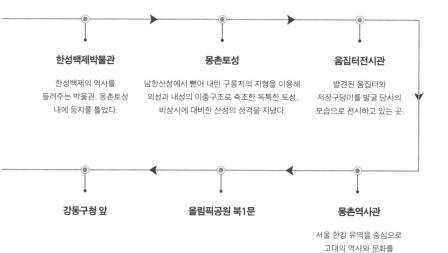

한성백제박물관

한성백제의 역사를
들려주는 박물관. 몽촌토성
내에 둥지를 틀었다.

몽촌토성

남한산성에서 뻗어 내린 구릉지의 지형을 이용해
외성과 내성의 이중구조로 축조한 독특한 토성.
비상시에 대비한 산성의 성격을 지녔다.

움집터전시관

발견된 움집터와
저장구덩이를 발굴 당시의
모습으로 전시하고 있는 곳.

강동구청 앞

올림픽공원 북1문

몽촌역사관

서울 한강 유역을 중심으로
고대의 역사와 문화를
보여주는 역사관.

지금 한성백제의 문화유산을 세계문화유산으로 등록하기 위한 작업이 한창 진행 중입니다. 이러한 시기에 한성백제의 유적을 둘러보는 것은 우리 문화유산에 대한 자긍심을 높이는 좋은 기회가 될 것으로 생각합니다.

　　아주 오랜 옛날부터 하천은 인간의 주거 발달에 가장 중요한 역할을 했습니다. 물은 식수, 농업용수는 물론 교통로로 이용되었기 때문에, 인간의 집단 주거지역은 하천 유역에 형성되었습니다.

　　한강은 한반도의 중심부를 흐르는 하천으로 삼국이 서로 세력을 다투던 시기에는 한강 유역을 차지하려는 전쟁이 끊이지 않았습니다. 신라가 삼국을 통일한 다음부터 고려시대에 이르는 동안에는 별 관심을 받지 못하다가, 조선의 도읍이 한양으로 옮겨오면서 한강 유역은 다시 역사의 전면에 등장하였습니다.

　　한강 유역을 두고 삼국이 쟁패하기 전에 백제가 제일 먼저 한강유역을 차지하게 됩니다. 서울이 14세기 말부터 19세기까지 조선의 도읍이었듯이, 2세기부터 5세기까지는 한성백제의 도읍이었습니다.

　　서울의 문화유산은 조선시대의 것은 많이 전해지고 있으나, 한성백제의 것은 접하기가 어려웠습니다. 하지만 최근 한성백제의 도성인 몽촌토성과 풍납토성에서 많은 유물이 발굴되어 다행히 한성백제의 역사 향기를 일부분이라도 맛볼 수 있게 되었습니다.

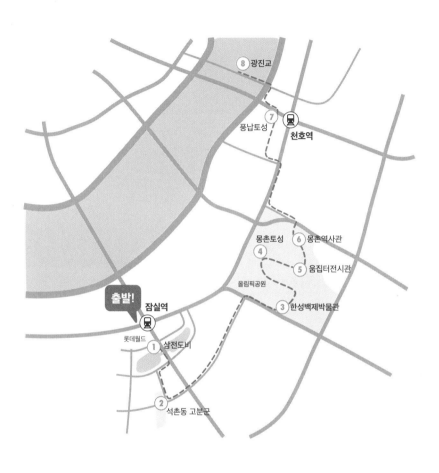

석촌호수 일대의 삼전도비와 석촌동고분군을 먼저 답사합니다.
이어서 몽촌토성과 풍납토성을 차례로 둘러봅니다.

서울 송파구 중심에 자리하고 있는 몽촌토성.

역사의 전개과정을 체계적으로 파악하기 위한 시기구분은 무엇을 기준으로 설정하느냐에 따라 다른 견해가 있을 수 있습니다만, 일반적으로 통용되는 수도의 이동에 따라 백제시대를 구분해보면 세 시기로 나눌 수 있을 것입니다. 건국 이후 서기 475년에 웅진으로 수도를 옮기기까지 한강 유역에 머물렀던 493년간의 한성백제시대, 고구려의 침략으로 개로왕이 죽고 수도를 금강 유역 웅진으로 옮긴 63년간의 웅진백제시대 그리고 백제의 전성기이자 패망을 지켜보아야 했던 122년간의 사비백제시대입니다.

한강 유역의 첫 주인 한성백제

부여에서 떨쳐 나와 10명의 신하와 함께 남하한 온조와 비류는 송파구 일대인 한강유역과 인천 문학경기장 근처인 미추홀에 각각 머물렀습니다. 온조를 도운 10명의 신하를 내세워 나라 이름을 십제十濟라고 하다가, 미추홀의 비류가 죽고 그의 백성들이 즐겁게 온조에게 왔다고 해서 나라 이름을 백제百濟로 고쳤습니다.

남하한 온조 집단은 당시 경기, 충청, 전라도 지방에 자리 잡은 마한연맹체 54국 중의 맹주국인 목지국한테서 100리의 땅을 할양 받아 나라를 세웠습니다. 그 뒤 미추홀의 비류집단과 지역연맹체를 형성해 세력을 키운 뒤 목지국을 병합함으로써 마한연맹체의 새로운 맹주가 되어 한성백제의 초기체제를 형성하였습니다.

몽촌토성 내에 들어선 한성백제박물관.

(위) 한성백제박물관 로비에 전시되어 있는 풍납토성 단면도. 풍납토성의 성벽 단면을 얇게 떼어내 전시 연출하였다.

(아래) 한성백제 역사의 수수께끼를 품고 있는 칠지도. 불가사의한 모습의 칼에 60여 자의 명문이 새겨져 있다.
한국 역사학계에서는 백제 왕이 일본 왕에게 하사한 것으로 추정한다. 한성백제시대에 백제는 아직기와 왕인을
보내는 등 일본에 선진문물을 전수하였다.

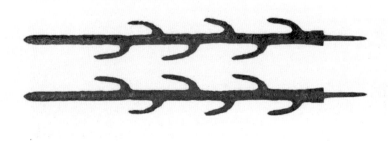

한성백제의 초기는 5개의 부鄯로 나누어 5부장을 통해 간접통치하는 5부체제 형식이었으며, 왕은 왕성이 있는 직할지만을 통치하였습니다. 차츰 고대국가의 틀이 갖추어지자 늘어나는 인구도 수용하고 방어체제도 강화하기 위해 도성을 건립할 필요성을 느꼈습니다.

이렇게 해서 만들어진 것이 풍납토성과 몽촌토성입니다. 풍납토성은 평지토성으로 평상시에 주거하는 도성이고, 몽촌토성은 자연 구릉을 이용하여 만든 비상시에 대비한 산성山城의 성격을 지녔습니다.

풍납토성과 몽촌토성을 아울러 부를 때는 한성漢城, 위례성, 왕성王城, 대성大城이라 하였고, 각각 부를 때는 위치에 따라 풍납토성을 북성北城, 몽촌토성을 남성南城이라 하였습니다. 고구려의 국내성과 환도산성처럼 남성과 북성의 2성체제를 갖추었습니다.

나아가 남쪽으로 남한산성, 동쪽으로 이성산성, 북쪽으로 아차산성, 서쪽으로 삼성리 토성의 외곽 방어기지를 갖추었으며, 한강변에는 홍수 피해를 방지하는 제방의 역할은 물론 한강을 타고 침략해오는 적군을 방어하기 위하여 사성蛇城을 쌓았습니다.

기록에 따르면 초기백제의 중심지에 대한 명칭은 위례성→왕성→한성의 순으로 변했는데, 이것은 세 개의 지명이 뜻하는 의미가 같다는 것을 말합니다. 한성은 '큰 성大城'의 중국식 표기이고, 위례성은 한성을 달리 부른 이름일 것입니다.

위례성 명칭의 기원에 대해서는 여러 가지 설이 있습니다. 신뢰할 만한 설의 하나는 위례가 위리와 음이 비슷하여 다름아닌 '울타리'라는 주장으로, 목책을 세워 흙을 쌓아 만든 울타리를 뜻한다는 것입니다. 다른 하나는 왕성 또는 대성이라는 주장으로, 위례는 백제어의 어라於羅처럼 왕 또는 크다大는 뜻을 지녔다는 것입니다. 이렇게 볼 때 위례성,

왕성, 한성은 같은 곳을 달리 불렀던 이칭異稱인 것 같습니다.

같은 기록에 한성에 북성과 남성의 2개의 성이 있다고 했으니, 이 것은 지금의 조건에 비추어 볼 때 북성은 풍납토성이고 남성은 몽촌토 성이라고 생각됩니다. 몽촌토성은 왕이 머물렀던 왕성이고, 풍납토성 은 백성들의 거주지가 많았다는 것이 일반적인 견해였습니다. 하지만 최근 풍납토성에서 왕궁 유적이 발굴됨으로써 한성백제시대의 왕성은 한성이라 불렸던 풍납토성이라고 보는 것이 합리적인 판단으로 생각 됩니다. 한성이란 명칭은 조선시대에도 도읍의 이름으로 사용되었습 니다.

한성백제는 한강변 2개의 도성을 중심으로 남쪽의 석촌동, 가락동, 방이동 일대에 당시 지배층의 묘역이, 동북쪽 성내동, 천호동, 암사동 일대에 취락지와 농경지가 펼쳐져 있었습니다.

풍납토성과 몽촌토성

풍납토성은 한강 연변의 평지에 축조된 순수한 토성으로 남북으 로 길게 타원형의 모양을 하고 있습니다. 전체의 둘레가 3,470m 남짓 이며, 성 밖에는 넓은 환호環濠가 에워싸고 있습니다. 성벽의 높이는 6m 에서 15m에 이르고, 성벽의 넓이는 30m에서 70m 정도입니다. 동벽은 1,500m 남짓이 남아 있고, 남벽과 북벽도 일부 원래의 성이 남아 있습 니다. 서벽은 완전히 남아 있는 것처럼 보이지만, 1925년 을축대홍수로 유실된 것을 새로 제방을 쌓아 만든 것입니다.

성안에는 왕궁이 있었던 것으로 추정되는데《삼국사기》의 표현을

(위) 백제는 한강변 평지에 거대한 크기의 토성인 풍납토성을 축조하였다.
(아래) 타원형 모양의 풍납토성은 전체 둘레의 길이가 3.5킬로미터에 이른다.

몽촌토성은 남한산성에서 뻗어 내린 구릉지를 이용해 축조한 이중의 토성으로 외곽에 해자를 두르고 있다.

빌리면 '검소하되 누추하지 않고, 화려하되 사치하지 않은儉而不陋 華而不侈'
많은 건물들이 세워졌을 것으로 추정됩니다. 집단 취락시설의 주위나
성곽 둘레에 도랑을 파고 물을 가두어두는 일종의 방어시설인 환호가
3겹으로 둘러싸인 모습으로 발굴되었고, 각종 토기류와 꺾쇠, 숫돌 등
의 생활유물들도 원형을 유지한 채 발견되었습니다. 또한 도로의 유구
와 석축 유구, 생활 유구, 수혈 등이 함께 발견되어, 왕궁 내에 많은 국
가시설물이 존재하였음을 짐작할 수 있습니다.

풍납토성에서 발굴된 환호는 몽촌토성의 해자와는 달리 군사적인
방어시설로 출발한 것이 아니라, 밀집된 주거지역과 외부와의 구획을
나누는 경계시설로서 상징적 의미를 지닌 것으로 보입니다. 또한 성
안 전역에 걸쳐 기와, 전돌, 초석 등 고급 건축자재들이 많이 출토되
어, 풍납토성 안에 살던 거주민들이 상당히 높은 계급층이었을 것으

로 추정됩니다.

몽촌토성은 남한산성에서 뻗어 내린 구릉지의 지형을 이용해 외성과 내성의 이중구조로 축조한 독특한 토성으로, 진흙을 쌓아 성벽을 만들고 필요에 따라 경사면을 급하게 깎는 등의 인공을 가하기도 하였습니다.

북쪽에는 목책을 세웠으며 그 외곽에 해자를 둘렀습니다. 해자는 성 밖으로 물길을 내어 적의 공격으로부터 방어하는 역할을 해주는 것으로, 현재는 연못으로 가꾸어져 있습니다. 성벽의 총길이는 2,285m이고, 동북쪽 외곽에 약 270m 길이의 외성이 직선 형태로 자리하고 있습니다. 제일 높은 곳의 고도는 42.9m이며 대부분의 높이는 30m 이내입니다.

북측의 외곽 경사면과 외성지의 정상부에 목책을 설치하였던 흔적이 있고, 동측 외곽 경사면의 생토를 깎아내어 경사를 급하게 만들고 해자를 설치하였던 점으로 보아, 북쪽 방향의 침략에 대비하였던 것으로 생각됩니다.

특히 물건을 저장하는 창고 같은 저장혈貯藏穴 유구와 망루가 있던 곳으로 추정되는 판축성토 대지 같은 군사시설들이 발굴되었는데, 이곳은 왕성이 아니라 위급시 대피하는 한성백제 최후의 보루였던 것 같습니다.

몽촌토성에서 현재까지 밝혀진 한성시대 백제 시설물은 적심석積心石을 갖추고 있는 지상 건물지 1기, 판축성토 대지 1개소, 수혈주거지 9기, 저장혈 31기, 저장혈과 유사한 방형方形 유구 2기, 연못 터 2개소 등입니다. 몽촌토성의 네 곳이 끊겨 있기 때문에 당시 성으로 통하는 문이 4개였을 것으로 추정되지만, 그곳이 문이 있던 자리인지는 아직 확

몽촌토성의 끊긴 자리. 문이 있던 자리로 추정되지만, 아직 확인되지는 않고 있다.

인되지 않고 있습니다.

　석촌동 고분군은 석촌동과 가락동에 걸쳐 있으며 한성백제시기의 중심묘역입니다. 일제강점기의 발굴보고서에 따르면 지상에서 그 존재를 확인할 수 있는 분묘가 흙으로 쌓은 것이 23기, 돌로 쌓은 것이 66기였다고 기록되어 있습니다. 지금 남아 있는 것은 대형 돌무지무덤 7기와 함께 널무덤, 독무덤 등 30여 기 정도입니다.

　고구려의 영향인 돌무지무덤이 석촌동에 산재한다는 것은 백제의 건국 세력이 문화적으로 고구려와 밀접한 관계에 있었음을 보여줍니다. 고분군 지역에는 3, 4호분 같은 대형분 이외에도 소형 널무덤과 같은 평민들의 것도 섞여 있고, 서로 시기를 달리하면서 중복 형성된 것도 있습니다. 석촌동 일대가 오랫동안 다양한 계급 사람들의 묘지로 쓰인 것으로 보입니다.

석촌동 고분군에서 제일 거대한 3호분은 긴 변 45.5m, 짧은 변 43.7m, 높이 4.5m 규모의 사각형 기단 형식의 돌무덤基壇式積石塚입니다. 기단은 3단까지 확인되었으며, 3세기 중엽에서 4세기에 축조된 것으로 보입니다. 한성백제를 강력한 고대국가로 건설한 근초고왕의 무덤으로 비정되기도 하였습니다.

4호분은 한 변이 23~24m의 정사각형으로 연대는 3호분과 비슷한 시기로 보이나, 널무덤과 판축기법을 가미하여 순수 고구려 양식에서 벗어난 모습을 보여줍니다. 1호분의 경우 왕릉급의 대형 쌍분임이 확인되었는데, 쌍분 전통은 압록강 유역의 환인현 고력묘자촌에 있는 이음식 돌무지무덤과 연결됩니다. 백제 지배세력이 고구려와 깊이 관계되어 있다는 증좌이기도 합니다. 이들 고분은 대체로 3세기에서 5세기에 걸친 약 200여 년 동안 만들어졌으며, 특히 4세기 약 100년 동안은

석촌동 고분군은 한성백제시기의 중심묘역으로 돌무지무덤, 널무덤, 독무덤 등 다양한 묘제가 섞여 있다.

돌무지무덤 위주의 고분이 축조된 것으로 보입니다.

그 후 공주로 천도(475년)한 웅진백제 지배세력의 무덤은 돌무지무덤에서 돌방무덤으로 바뀌게 됩니다. 웅진백제시기의 무령왕릉이 바로 최초의 횡혈식석실묘이며, 이때부터 횡혈식석실묘가 왕실의 묘제로 정형화되었습니다.

병자호란 치욕의 상징 삼전도비

삼전도三田渡는 한강도, 양화도, 노량도와 더불어 조선시대 4대 도선장의 하나입니다. 세종 때 한강에 설치된 최초의 나루터 중 하나로 상류의 광나루와 하류의 중랑포 사이에 있었으며, 살곶이다리를 지나 뚝섬에서 신천동과 잠실동이 있는 하중도河中島를 건너 송파에 이르는 뱃길이었습니다. 도성에서 남한산성을 가거나 광주, 이천, 여주 또는 영남 지방을 왕래하는 상인들이 주로 이용하였습니다.

처음에는 한강 동부 일대의 교통을 태종 때 설치한 광진(광나루)에서 담당하고 있었는데, 그 위치가 동쪽으로 치우쳐 있는데다가 태종의 능이 대모산 부근에 설치되면서 능행로의 개설이 요구되어 세종 때 삼전도가 신설되었습니다. 삼전도가 설치되면서 광나루의 기능은 축소되어, 삼전도승이 광진의 업무까지 주관하였습니다.

삼전도는 병자호란 때 수항단受降壇을 쌓고 인조가 청나라 태종에게 항복한 곳이기도 합니다. 그리고 청나라의 전승비이자 치욕의 상징인 삼전도비가 이곳에 세워졌습니다. 삼전도비는 세워진 곳의 지명을 따서 붙여진 이름이며, 정식 명칭은 대청황제공덕비입니다.

비문에는 청 태종 홍타이지를 찬양하는 글과 병자호란 때 남한산성에서 추위와 굶주림 속에서 버티던 인조가 마침내 삼전도에서 항복한 사실을 기록하고 있습니다. 세 나라 문자로 비문이 쓰여 있는데, 비신의 앞면 왼쪽에는 몽골문자, 오른쪽에는 만주글자, 뒷면에는 한자가 새겨져 있습니다. 비문은 당시 홍문관과 예문관의 대제학을 겸하고 있던 이경석이 짓고, 당대의 명필로 꼽히는 오준이 글씨를 썼습니다.

이 비는 조선의 모일모화사상侮日慕華思想 분위기를 우려한 일본에 의해 땅 속에 파묻혔다가 청일전쟁이 끝나고 복구되었으며, 1956년 국치의 기록이라 하여 문교부에 의해 다시 매몰되는 등의 수난을 겪었습니다. 땅 속에 묻혔던 것이 한강이 침식되면서 몸돌이 드러나자 원래의 위치에서 송파 쪽으로 조금 옮긴 자리에 다시 세웠습니다.

삼전도비.

겸재 정선의 〈송파진도〉.

병자호란 이후 삼전도를 기피하는 경향이 생기자 삼전도 인근에 송파진이 개설되었습니다. 조정에서는 송파진에 별장을 배치하고 수어청으로 하여금 관리하게 하였는데, 객주, 거간을 비롯한 도선주들이 모여 들어 송파진에는 큰 장시가 서게 되었습니다. 자연히 송파진의 역할도 커져 9척의 진선津船으로 통행의 편의를 도모하였으며, 송파진 별장이 광진, 삼전도, 신천진까지 관장하였습니다.

진달래능선에 핀
독립과 민주의 꽃

기행 코스

북한산 진달래능선에 잠들어 있는
독립열사와 민주열사들의 묘역을 둘러보는 일정

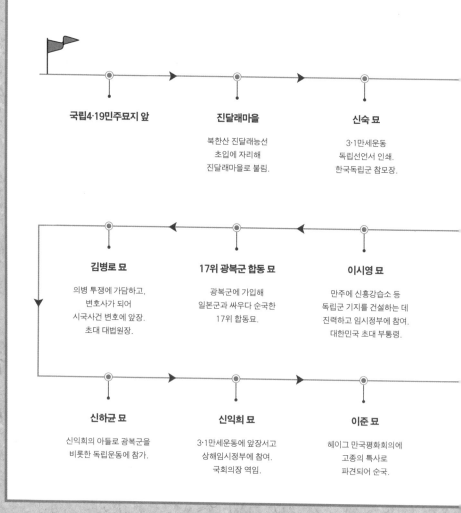

국립4·19민주묘지 앞

진달래마을

북한산 진달래능선
초입에 자리해
진달래마을로 불림.

신숙 묘

3·1만세운동
독립선언서 인쇄.
한국독립군 참모장.

김병로 묘

의병 투쟁에 가담하고,
변호사가 되어
시국사건 변호에 앞장.
초대 대법원장.

17위 광복군 합동 묘

광복군에 가입해
일본군과 싸우다 순국한
17위 합동묘.

이시영 묘

만주에 신흥강습소 등
독립군 기지를 건설하는 데
진력하고 임시정부에 참여.
대한민국 초대 부통령.

신하균 묘

신익희의 아들로 광복군을
비롯한 독립운동에 참가.

신익희 묘

3·1만세운동에 앞장서고
상해임시정부에 참여.
국회의장 역임.

이준 묘

헤이그 만국평화회의에
고종의 특사로
파견되어 순국.

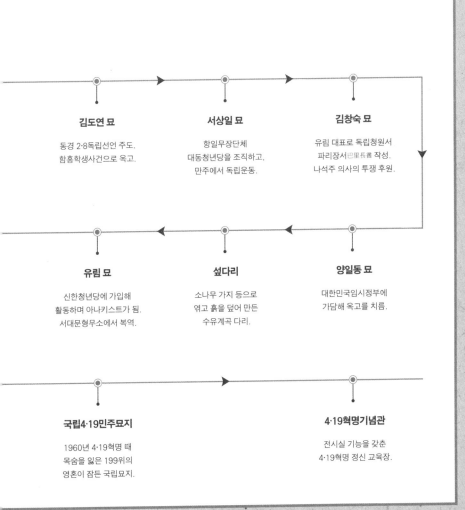

김도연 묘

동경 2·8독립선언 주도.
함흥학생사건으로 옥고.

서상일 묘

항일무장단체
대동청년당을 조직하고,
만주에서 독립운동.

김창숙 묘

유림 대표로 독립청원서
파리장서巴里長書 작성.
나석주 의사의 투쟁 후원.

유림 묘

신한청년당에 가입해
활동하며 아나키스트가 됨.
서대문형무소에서 복역.

섶다리

소나무 가지 등으로
엮고 흙을 덮어 만든
수유계곡 다리.

양일동 묘

대한민국임시정부에
가담해 옥고를 치름.

국립4·19민주묘지

1960년 4·19혁명 때
목숨을 잃은 199위의
영혼이 잠든 국립묘지.

4·19혁명기념관

전시실 기능을 갖춘
4·19혁명 정신 교육장.

진달래능선은 북한산성의 대동문에서 우이동으로 내리뻗은 산줄기입니다. 해마다 4월이 오면 온통 핏빛 진달래 천지를 이룹니다. 진달래능선 골짜기 곳곳에는 독립열사들의 묘가 들어서 있고, 능선의 끝자락에는 꽃잎처럼 스러진 젊은 넋들이 잠든 4·19국립묘지가 자리하고 있습니다.

4·19묘원은 지금은 국립묘지가 되었지만, 군사독재 시절에는 이곳에 참배하는 것만으로도 불온시되었습니다. 4·19혁명을 기리고 그 정신을 계승하기 위해 참배에 나선 민주인사와 학생들이 전투경찰에 의해 참배를 제지당하고 '닭장차'에 실려 경찰서로 끌려가던 때가 있었습니다.

진달래능선에 잠든 독립열사와 독립군

우리는 대한의 광복군 조국을 찾는 용사로다
나가나가 압록강 건너 백두산 넘어가자
삼천리 금수강산 지옥이 되어 모두 도탄에서 헤매고 있다
동포는 기다린다 어서 가자 조국에
등잔 밑에 우는 형제들 있다 왜놈 발에 밟힌 꽃포기 있다

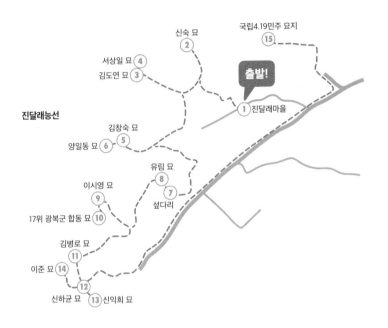

신숙 묘 ②

국립4.19민주 묘지 ⑮

서상일 묘 ④
김도연 묘 ③

출발!

진달래능선

① 진달래마을

김창숙 묘 ⑤
양일동 묘 ⑥

유림 묘 ⑧
⑦
섶다리

이시영 묘 ⑨

17위 광복군 합동 묘 ⑩

김병로 묘 ⑪

이준 묘 ⑭

⑫

신하균 묘 ⑬ 신익희 묘

진달래마을 위쪽에 자리한 신숙의 묘부터 시작해 계곡과 능선을 따라
올라가며 이준까지 11분의 애국지사와 광복군 합동 묘를 둘러봅니다.
마지막으로 4·19국립묘지를 참배합니다.

4·19국립묘지 입구의 기념탑.

　북간도, 서간도 만주 땅 골짜기를 추위와 배고픔을 달래며 오직 조
국의 독립을 생각하며 불렀을 〈독립군가〉는 가사의 내용이 처연하기
그지없습니다. 일제강점기 독립운동의 양상은 크게 항일무장투쟁과
실력양성운동의 두 가지로 전개되었습니다.

　국가와 군대가 존재하지 않는 조건에서 무장투쟁이 성과를 거두
는 데는 많은 어려움이 따를 수밖에 없었습니다. 뿐만 아니라 이념과
사상의 차이로 주도권 싸움이 전개되면서 항일무장투쟁은 다양한 소
단위 형태로 전개되었으며, 이런 이유로 74개의 독립군 단체가 생겨
났습니다.

　실력양성운동은 한국이 독립할 역량이 아직 되지 않으므로 먼저 실
력을 기른 후에 독립을 도모하자는 이른바 '선실력양성 후독립'이라는
준비론적 입장의 애국계몽운동이었습니다. 개화파를 계승한 지식층과

진달래능선 너머로 삼각산의 인수봉, 백운봉, 만경봉이 펼쳐져 있다.
진달래능선 끝자락에 독립열사와 민주열사들이 잠들어 있다.

대한제국의 관료 그리고 유학자들을 중심으로 국권회복운동, 물산장
려운동, 교육진흥운동, 국채보상운동 등으로 나타났습니다.

　진달래능선에는 11분의 독립열사 묘역과 17위의 광복군 합동 묘가
조성되어 있는데 이들은 이념과 투쟁 이력이 모두 다릅니다. 항일무장
투쟁의 최초의 시작은 국내 독립운동, 해외망명, 무장투쟁의 과정으로
전개되었습니다. 하지만 점차 이념적 당파성을 갖게 됨에 따라 사상적
입장 차이에 의해 민족주의자, 무정부주의자, 사회주의자, 공산주의자
등으로 나뉘게 되었습니다. 이 같은 상황은 해방정국에서 통일을 저해
하는 중요한 원인이 되었습니다.

열한 분의 독립열사

강재剛齋 신숙申肅은 1903년 동학에 입교하고 청파동에 문창학교를 설립하여 육영사업에 진력하였는데, 이봉창 의사가 이 학교를 졸업하였습니다. 1919년 3·1만세운동 때 천도교에서 경영하던 보성사에서 사장 이종일과 함께 독립선언서를 인쇄하는 작업을 맡았으며, 1920년 봄에 만주로 망명하였습니다. 북만주에서 민족유일당 운동을 전개하고, 한국독립당의 무장부대인 한국독립군의 참모장으로 활약하였습니다.

해방 후 귀국하여 천도교 보국당 대표로 좌우합작위원회 위원으로 선임되었으며, 1948년 김구, 김규식 등과 함께 남북연석회의 연락원 자격으로 남북협상을 위해 평양에 다녀오는 등 남북분단 저지를 위해 노력했습니다. 자유당 시절에는 독재정권과 투쟁하였고, 4·19혁명 직후 국민각계비상대책위원회 위원장에 추대되었으나 중풍으로 쓰러져 1967년 별세하였습니다.

상산常山 김도연金度演은 부농의 아들로 태어나 보성중학교에 입학하여 한글 학자인 주시경 선생 등으로부터 많은 감화를 받았으며, 이 같은 인연으로 훗날 '조선어학회'를 적극 후원하였습니다. 일본 유학시절에는 조선청년독립단을 조직하고, 1919년 동경 유학생들의 2·8독립선언을 주도하였습니다. 《조선어 큰 사전》 편찬 작업을 하고 있던 조선어학회를 해체시키기 위해 일제가 꾸민 1942년의 함흥학생사건에 연루되어 일경에 체포되어 옥고를 치렀습니다.

동암東庵 서상일徐相−은 보성전문학교를 졸업하고 1909년 항일무장

투쟁 단체인 대동청년당을 조직하였으며, 한때 만주에 망명하여 독립 운동에 종사하였습니다. 광복 후에는 한국민주당을 거쳐 조봉암이 대통령 후보로 나선 진보당에 몸을 담았습니다.

심산心山 김창숙金昌淑은 일제의 혹독한 고문과 오랜 감옥 생활 탓에 앉은뱅이가 되어 자칭 벽옹躄翁(앉은뱅이 노인)이란 별호를 사용하였습니다. 대구를 중심으로 전개된 국채보상운동에 참여하고, 고향인 경북 성주에 성명학교를 설립하여 민족교육운동을 전개하였습니다.

모친의 병환 때문에 상경을 미루다 3·1독립선언에 참여할 수 있는 기회를 놓치게 되자, 유림이 민족대표에서 빠진 것을 치욕이라 생각하고 유림 대표를 규합하여 독립청원서인 파리장서巴里長書를 만들어 파리 강화회의 등에 보냈습니다.

심산 김창숙 묘.

임시정부를 중심으로 한 독립운동이 침체하자 이회영 등과 함께 만주 동삼성 일대에 한인동포 집단거주지를 조성해 독립군을 양성한 뒤 국내로 진공하는 독립전쟁방략을 추진하였습니다. 동양척식주식회사에 폭탄을 던진 나석주 의사의 투쟁은 김창숙 등이 후원한 것이었습니다. 광복 후 반탁민주운동에 헌신하였고, 성균관대학을 재건하여 유학의 근대적 발전과 후진양성에 이바지하였습니다.

가인街人 김병로金炳魯는 을사늑약이 체결되자 18세의 나이로 최익현의 의병부대에 가담하였으며, 일본에 유학해 변호사가 되었습니다. 김병로는 김상옥 의거, 의열단 사건, 6·10만세 사건, 조선공산당 사건, 광주학생독립운동 등의 시국사건을 앞장서 변호하였으며, 안재홍, 안창호 같은 민족지도자들의 변호도 맡았습니다.

1948년 대한민국 정부 수립과 함께 초대 대법원장이 되었는데, 반민족행위자 처벌 등 친일파 척결과 민족정기 회복에 강한 의지를 보였습니다. 그리하여 반민법 개정을 요청하는 등 친일파 처벌에 미온적인 이승만 대통령과 갈등을 빚었으며, 1957년 대법원장직을 정년퇴임하였습니다.

가인 김병로 묘비.

현곡玄谷 양일동梁一東은 광주학생 사건에 연루되어 중동중학교를 퇴교당하고, 중국으로 건너가 대한민국임시정부에 가담하였습니다. 일본 이치타니 형무소에 수감되었다가 신병으로 가석방된 다음 향리에서 농촌운동에 종사하였으며, 1945년 건국준비위원회에 가담하면서 정치에 입문하였습니다. 자유당 시절 반독재운동에 참여하고 5·16군사 쿠데타 후에는 신민당 원내총무 등을 지냈습니다.

단주르ㅍ洲 유림柳林은 어려서 부친으로부터 한학을 배우고 경북 북부 최초의 신식 중등학교인 협동학교를 다녔습니다. 1919년 가산을 정리한 뒤 가족을 동반하고 만주로 망명길에 올랐습니다. 상해에서 신한청년당에 가입해 활동하다가 신채호가 주관하던 잡지《천고天鼓》의 발행을 도우며 아나키즘을 접하였는데, 다음과 같은 그의 주장을 볼 때 일제시기 아나키즘은 강제적 식민지 권력을 부정하는 독립운동 이념으로 기능했다고 생각됩니다.

> "무정부라는 말은 아나키즘이란 그리스 말을 일본 사람들이 악의로 번역하여 정부를 부인한다는 의미로 통용되는 것 같다. 본래 '안an'은 없다는 뜻이고 '아키archi'는 우두머리, 강제권, 전제권 따위를 의미하는 말로서 '아나키anarchi'는 이런 것들을 배격한다는 뜻이다. 그러므로 나는 강제적 권력을 배격하는 아나키스트이지, 무정부주의자가 아니다. 아나키스트는 타율정부를 배격하지, 자율정부를 배격하는 자가 아니다."

광주학생운동이 전국으로 확산되면서 일제경찰에 쫓겨 만주로 탈출한 학생 400여 명을 모아 의성학원을 창립하였으며, 만주사변 후 조선공산무정부주의연맹을 조직했다는 이유로 체포되어 서대문형무소에서 복역하였습니다. 해방 후 자주적 통일민주정부의 수립과 노농대중의 권익 보호를 위해 노력하였습니다.

성재省齋 이시영李始榮은 1905년 외부外部 교섭국장으로 을사보호조약을 막아내기 위해 노력하다 사직하고, 본격적인 독립전쟁을 위해 만주지역에 독립군 기지를 건설하는 준비에 착수하였습니다. 성재는 형제들과 더불어 가산을 처분하고 1910년 말 서간도로 가서 경학사와 신흥강습소를 설립하였습니다. 경학사는 부민단과 한족회로, 신흥강습소는 신흥중학교와 신흥무관학교로 발전해 독립군 기지를 형성하는 데 중요한 디딤돌이 되었습니다. 경학사의 초대 사장은 이상룡, 신흥강습소의 초대 교장은 이동녕이 추대되었는바, 1920년 청산리대첩의 승리

1950년 10월 24일 유엔의날 기념식에서 만세삼창을 하고 있는 부통령 이시영.

는 결코 우연한 것이 아니었습니다.

이시영은 해방을 맞아 임시정부 요인의 한 사람으로 환국하였습니다. 그러나 넷째 형 이회영이 아나키스트로 독립운동을 벌이다가 옥중에서 순국하는 등 6형제 가운데 이시영을 제외한 형제 모두가 독립운동에 목숨을 바쳤습니다. 귀국 후 이시영은 정치활동과 교육운동을 위해 노력하였습니다. 1948년 제헌국회에서 대한민국 초대 부통령에 당선되었으며, 신흥무관학교의 부활을 위한 노력은 오늘날의 경희대학교로 계승되었습니다.

해공海公 신익희申翼熙는 일본 와세다 대학에 유학하는 동안 유학생 조직 '학우회'를 조직하고 기관지《학지광》의 주필 등을 맡아 학생들의 민족정신을 고취하였으며, 3·1만세시위를 확산하는 데 앞장서다 중국으로 망명하였습니다. 해공은 대한민국임시정부를 수립하는 데 참여하여 임시헌장 제정 기초위원으로 활약하였습니다. 해방 후 김구를 도와 반탁운동을 선도하였고, 초대 국회부의장과 이승만의 후임으로 국회의장에 선출되었습니다. 1956년 민주당 대통령 후보가 되어 선거운동에 주력하던 중 호남선 열차 안에서 뇌일혈로 급서하였습니다.

신하균申河均은 호를 평산平山이라 하였는데, 이는 그의 본관 평산에서 따온 것으로 독립이 불확실하다고 내다본 부친 신익희가 본관을 잊지 말라는 뜻에서 지었다고 합니다. 평산은 1923년 모친과 함께 상해로 부친을 찾아가 광복군을 비롯한 독립운동 대열에 참가하였습니다. 귀국하여 아버지의 정치활동을 보좌하였으며, 아버지의 뒤를 이어 국회의원을 지냈습니다.

(위) 이준 열사 묘역.
(아래) 만국평화회의에 지니고 간 고종의 밀서를 새긴 기념부조.

일성一醒 이준李儁은 서재필을 도와 독립협회의 결성과 《독립신문》의 간행을 주도하였으며, 일본 와세다 대학에 유학한 다음 만민공동회 활동과 더불어 반일진회 투쟁을 벌였습니다. 또한 전 재산을 투척하여 보광학교를 설립하고, 한북흥학회를 조직하여 고향인 함경도 지방의 애국계몽운동에 큰 계기를 마련하였습니다.

한편 이준은 1907년 7월 네덜란드 헤이그에서 제2회 만국평화회의가 개최된다는 소식을 접하고, 비밀리에 고종을 만나 특사 파견을 건의

하였습니다. '을사조약이 황제의 의사에 의해 이루어진 것이 아니라 일제의 협박으로 강제 체결된 조약이므로 무효라는 것'을 세계만방에 알리고, '한국독립에 관한 열국의 지원을 요청'하기 위해서였습니다. 고종의 윤허를 얻어 정사에 전 의정부 참찬 이상설, 부사 이준, 이위종의 세 사람이 특사에 임명되었습니다.

만국평화회의는 1907년 6월 15일부터 1개월간 개최되었는데, 3명의 특사는 만국평화회의 의장에게 고종의 친서와 신임장을 제출하고 한국 대표로서 공식적인 활동을 전개하려 하였습니다. 하지만 일본과 영국 대표의 노골적인 방해로 일이 뜻대로 이루어지지 않자, 이준은 격분을 이기지 못하고 애통해 하다가 순국하였습니다. 이준의 유해는 헤이그 공동묘지에 안장되었다가 순국 55년 만인 1963년에 조국의 품으로 돌아와 수유리 선열묘역에 안장되었습니다.

국립 4·19민주묘지에 잠든 민주영령들

눈이 부시네 저기 난만히 뭇등마다
그날 스러져간 눈물 같은 꽃 사태가
맺혔던 한이 풀리듯 여울여울 붉었네
그렇듯 너희는 지고 욕처럼 남은 목숨
지친 어깨 위로 하늘이 무거운데
연년이 꿈도 설워라 물이 드는 이 산하

해마다 사월이 오면 강산은 진달래로 붉게 물들지만 차마 잠들 수

1960년 4월 19일 효자동 전차종점에서 경무대로 올라가던 시위대가 경찰의 총격을 받고 흩어지고 있다.

4·19혁명 정신을 새긴 비석.

4·19혁명을 촉발시킨 김주열의 묘.

없는 스러진 꽃잎들이 누워 있는 북한산 진달래능선 아래 국립 4·19민주묘지에는 욕처럼 남은 이들의 추모행렬이 줄을 잇습니다.

1960년 4월 헌정사상 최초로 자유민주주의를 수호하기 위한 시민혁명이 일어났습니다. 독재권력에 항거해 분연히 일어선 많은 젊은이들이 독재정권의 하수인인 경찰의 발포로 목숨을 잃었습니다. 경찰의 무자비한 탄압은 오히려 국민적 분노를 촉발시켜 마침내 철옹성 같던 이승만 독재정권을 무너뜨렸습니다.

이때 꽃잎처럼 스러진 199위의 영혼들이 잠들어 있는 곳이 국립 4·19민주묘지입니다.

4·19는 '혁명' 또는 '의거'로 불리다가 5·16 이후 '의거'로 공식화되었습니다. 1960년대 말부터는 박정희 정권에 의해 그 의미가 퇴색되어 '4·19'로 불리기도 했지만, 1993년에 이르러 그 의의와 정신이 재조명되고 비로소 '4·19혁명'으로 정당한 역사적 평가를 받게 되었습니다.

이에 따라 서울시에서 관리해 오던 4·19묘지도 성역화 사업을 거쳐 1995년 4월 19일(4·19 35주년) 국립묘지로 승격되었습니다. 1997년 4월 19일에는 전시실 기능을 갖춘 4·19혁명기념관이 개관되었습니다. 이로써 4·19혁명을 계승할 정신적 산 교육장이자 민주이념의 최고 성지로 자리 잡게 되었습니다.

병자호란의 회한을
기억하는 땅, 남한산성

기행 코스

병자호란이 일어나자 인조와 조정이 남한산성으로 피난하여
47일간 추위와 굶주림 속에서 끈질기게 항전하다 결국은
삼전도에서 치욕적인 항복을 하는 역사의 회한이 서린 곳을
둘러보는 여정

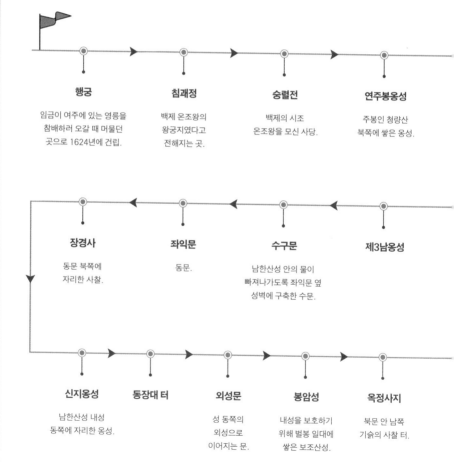

행궁

임금이 여주에 있는 영릉을
참배하러 오갈 때 머물던
곳으로 1624년에 건립.

침괘정

백제 온조왕의
왕궁지였다고
전해지는 곳.

숭렬전

백제의 시조
온조왕을 모신 사당.

연주봉옹성

주봉인 청량산
북쪽에 쌓은 옹성.

장경사

동문 북쪽에
자리한 사찰.

좌익문

동문.

수구문

남한산성 안의 물이
빠져나가도록 좌익문 옆
성벽에 구축한 수문.

제3남옹성

신지옹성

남한산성 내성
동쪽에 자리한 옹성.

동장대 터

외성문

성 동쪽의
외성으로
이어지는 문.

봉암성

내성을 보호하기
위해 벌봉 일대에
쌓은 보조산성.

옥정사지

북문 안 남쪽
기슭의 사찰 터.

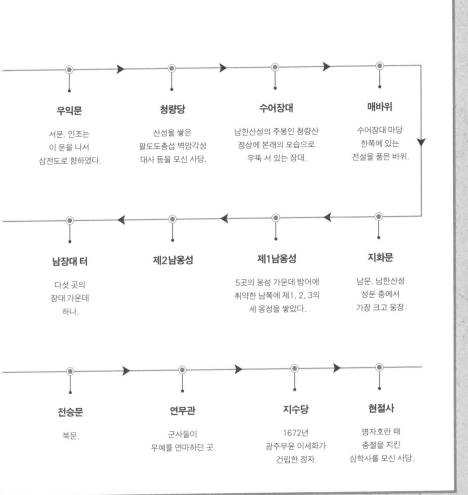

우익문

서문. 인조는
이 문을 나서
삼전도로 향하였다.

청량당

산성을 쌓은
팔도도총섭 벽암각성
대사 등을 모신 사당.

수어장대

남한산성의 주봉인 청량산
정상에 본래의 모습으로
우뚝 서 있는 장대.

매바위

수어장대 마당
한쪽에 있는
전설을 품은 바위.

남장대 터

다섯 곳의
장대 가운데
하나.

제2남옹성

제1남옹성

5곳의 옹성 가운데 방어에
취약한 남쪽에 제1, 2, 3의
세 옹성을 쌓았다.

지화문

남문. 남한산성
성문 중에서
가장 크고 웅장.

전승문

북문.

연무관

군사들이
무예를 연마하던 곳.

지수당

1672년
광주부윤 이세화가
건립한 정자.

현절사

병자호란 때
충절을 지킨
삼학사를 모신 사당.

산성, 치욕의 역사를 가슴에 새기다

16세기 말의 동북아 질서는 임진왜란으로 많은 변화를 가져왔습니다. 조선에 파병한 명나라는 국력이 소모되어 쇠퇴한 반면, 이 틈을 타고 여진은 만주를 장악하고 중원을 넘볼 정도로 강대해졌습니다. 이러한 변화에도 불구하고 조선은 명나라에 대한 사대 망상에서 빠져나오지를 못했습니다. 새로운 강국으로 떠오른 청나라를 오랑캐라고 멸시하고 이미 돌이킬 수 없는 패망의 길을 내달리고 있던 명에 대한 의리에 집착하며 재편되는 국제질서에 능동적으로 대처하지 못하다가, 결국 두 번에 걸친 여진의 침략을 받게 됩니다.

후금이 쳐들어오자 두 달 만에 인조는 강화도로 피난을 가야 했으며, 후금과 '형제의 나라'가 되겠다는 약속을 하고서야 싸움을 끝낼 수 있었습니다. 1627년(인조 5)에 일어난 이 전쟁을 정묘호란이라고 부릅니다.

한층 세력을 키운 후금은 명나라를 친다는 명분으로 지나친 요구를 해오는가 하면, 나라 이름을 청淸으로 바꾸고 왕王을 제帝라 칭하며 이 같은 사실을 조선에 통보하기 위해 사신을 파견하였습니다. 하지만 명분론에 사로잡혀 있던 조선이 이를 받아들이려 하지 않자, 청 태종이 직접 10만의 병력을 이끌고 1636년丙子年에 압록강을 건너 다시 쳐들어

서울시 강동구

④ 연주봉옹성

우익문
⑤

경기도 하남시

⑥ 청량당   전승문
③   ⑱
⑦ 수어장대   숭렬전   봉암성
청량산   ② 침괘정   ⑰
행궁 ①   ⑲ 연무관   남한산

출발!   ㉑ 현절사   ⑯
                                      동장대 터
                        ㉒ 지수당   ⑮ 신지옹성
⑧
지화문   ⑭ 장경사
                수구문 ⑬ 좌익문
⑨
제1남옹성 ⑫   경기도 광주시
⑪ 제3남옹성
경기도 성남시 ⑩
남장대 터

남한산성 행궁에서 답사를 시작합니다.
우익문, 수어장대를 거쳐 지화문, 좌익문으로 나아갑니다.
봉암성과 북문인 전승문을 지나 산성 중심부의 유적을 둘러봅니다.

남한산성 내 청량산과 그 기슭에 자리한 행궁.

온 것이 병자호란입니다.

조정에서는 청의 2차 침공사실을 듣고 강화도로 파천하기로 결정하였습니다. 먼저 봉림대군, 인평대군을 비롯해 비빈과 종실이 강화로 피난하고, 임금의 수레도 강화도로 향하였습니다. 하지만 홍제원까지 진출한 적들이 이미 길을 막고 있어서 할 수 없이 남한산성으로 들어가게 됩니다. 청나라 군대가 압록강을 넘은 지 겨우 6일 만에 한양 도성은 적의 수중에 들어가고 말았습니다.

청군은 남한산성을 겹겹이 에워쌌습니다. 추위와 굶주림에 어찌할 바를 모르던 조정은 남한산성에 들어간 지 달포 만에 항복을 결정합니다. 1637년 1월 30일 세자와 함께 청나라 옷을 입고 남한산성의 서문인 우익문을 나선 인조는 삼전도三田渡에서 청 태종 홍타이지皇太極에게 세 번 절하고 아홉 번 머리를 조아리는 예三拜九叩頭禮를 갖추어야 했습니다. 이를 가리켜 삼전도의 치욕이라고 일컫습니다. 이처럼 청나라에 굴욕적인 항복을 하고 한양 궁궐로 돌아가기까지 청과 맞서 전쟁을 치렀던 회한 서린 곳이 바로 남한산성입니다.

싸우지 않고도 이길 수 있는 요새

산성이란 전란과 같은 위급상황이 닥쳤을 때 방어용으로 사용하기 위해 쌓은 성입니다. 임금을 비롯한 권력의 중심이 이동하여 적과 대치하며 항전을 벌이자면, 험한 곳에 성을 쌓는 일에서부터 목숨을 내놓고 싸우는 치열한 전쟁에 이르기까지 그곳에는 백성들의 고통스런 삶과 한스러운 사연이 곳곳에 스며 있을 것입니다.

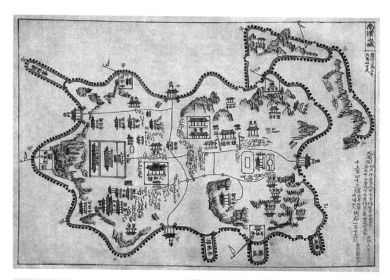

(위) 남한산성을 그린 지도 가운데 가장 오래된 〈남한산성도〉(1693년경).
성의 규모와 시설을 자세히 묘사하고 있다.

(아래) 19세기 전반에 그려진 《동국여도》 속의 〈남한산성도〉는 성 주변의 지세를 살필 수 있는 지도다.

남한산성의 입지적 특성에 대하여 심상규가 쓴 〈좌승당기坐勝堂記〉는 "한산漢山의 성城은 예로부터 백제 온조의 도읍지로 일컬어져 왔는데, 서북쪽은 깎아지른 듯한 협곡과 한수漢水로 막혀 있으며, 동남쪽은 영, 호남을 제어하고 경사京師를 막아낼 만하다. 하늘이 만들어낸 산은 장자長子의 기상이요, 잔교棧橋와 검각劍閣과 같이 험한 형세는 앉아서 싸우지 않아도 이기지 않을 수 없는 땅"이라고 하였습니다.

이중환의《택리지》에도 "청나라 군사가 처음 왔을 때 병기라고는 날끄도 대보지 못했고, 병자호란 때에도 성을 끝내 함락시키지 못했다. 인조가 성에서 내려온 것은 식량이 고갈되고 강화가 함락되었기 때문이었다"고 쓰여 있습니다. 남한산성은 지형적으로 천혜의 요새였습니다.

남한산성은 한성백제의 남쪽 외성으로서 역사의 전면에 등장합니다. 한성백제는 몽촌토성과 풍납토성을 도성으로 삼고, 동서남북에 도

남한산성에서 제일 높은 장대인 수어장대.

천혜의 지세를 활용한 남한산성의 위용. 병자호란 때에도 청군은 성을 함락시키지 못했다.

성을 지키는 산성을 쌓았습니다. 남쪽에 쌓은 외성이 남한산성이었습니다. 그 후 고구려 장수왕의 남하정책으로 백제의 수도가 남쪽 공주 땅으로 옮겨지게 되자, 남한산성 일대는 60여 년간 고구려 땅이 되었다가 다시 신라의 영토가 됩니다. 관산성 전투에서 백제를 크게 무찌르고 성왕까지 죽인 신라 진흥왕의 영토 확장정책으로 한강 유역이 신라 땅이 된 것입니다. 신라는 한강 유역을 한산주漢山州라 하였는데, 북쪽을 북한산주, 남쪽을 남한산주라고 불렀습니다. 그리고 당나라 군사를 막기 위해 지금의 남한산성 동봉에 산성을 구축하여 일장성日長城 또는 주장성晝長城이라 하였습니다.

남한산성은 남한산(460m)의 고원지대에 자연적으로 형성된 요새지에 쌓은 평균 높이 7.5m, 둘레 9.5km에 이르는 산성입니다. 2000년대에 진행된 행궁 터의 발굴 조사를 통해 백제시대 주거지 8기와 수혈

유구水穴遺構가 확인되었습니다. 또한 길이가 50m에 이르는 통일신라시대의 대형 건물 터와 한 장의 무게가 18kg이나 되는 암키와가 대량 출토되어, 신라 문무왕 때 쌓았다는 주장성의 존재가 입증되었습니다.

삼국이 서로 다투던 시기에는 한강 유역과 남한산성을 차지하는 나라가 강국으로 성장하였습니다. 최종적으로 한강 유역을 차지한 신라가 당나라와 연합하여 그 이전의 주인이었던 백제와 고구려를 물리치고 삼국을 통일하게 됩니다. 고려시대에는 1231년과 1232년 두 차례에 걸친 몽골군의 침입 때 광주성에서 몽골군을 물리쳤습니다.

남한산성이 속해 있는 광주廣州는 고려시대에는 전국 12목牧 가운데 하나인 광주목으로 승격하였고, 나중에 12목을 8목으로 줄일 때도 광주목은 그대로 유지되었습니다. 그만큼 남한산성의 전략적 요충지로서의 가치가 인정을 받았던 것입니다.

황진이의 일화가 전해지고 있는 송암바위.

조선시대 초기에는 도읍지 한양을 외호하기 위하여 사방에 보輔를 두었는데, 이른바 근기사진近畿四鎭이 그것입니다. 광주가 좌보左輔, 원주가 우보右輔, 수원이 전보前輔, 양주가 후보後輔로서 그 역할을 맡았습니다.

임진왜란 이후 다시 주목 받다

조선 중기에 임진왜란을 겪으면서 행주산성과 수원 독성산성에서 일본에 승리한 조정은 산성의 효능에 대해 크게 고무되었습니다. 그리하여 고성古城이나 옛 성지城址를 수축하고 개축하는 방안을 모색합니다. 수원 독성산성이 수축되고, 파주 마산고성, 양주 검암산고루, 여주 파사성, 죽산 죽주고성 등이 개축되었습니다.

임진왜란시 산성의 효능을 깨달은 조선은 팔도의 승려들을 동원하여 남한산성을 쌓았다.

한양을 방어하고 유사시 거점으로도 활용할 수 있는 요충지가 요구되면서 남한산성은 다시 주목 받게 됩니다. 임진왜란 이듬해에 서애 유성룡이 남한산성 수어책守禦策을 주장하였고, 그로부터 3년 뒤 사명당 유정의 승군 60여 명으로 하여금 산성을 수비하게 합니다. 광해군 때 후금의 침입을 막기 위해 석성石城으로 개축하기 시작하였으나, 인조반정으로 중단됩니다. 그러다가 인조가 집권한 지 2년 만에 '이괄의 난'이 일어나자, 전국 팔도의 승려들을 동원하여 축성공사를 재개하여 개축공사를 완료하였습니다.

팔도의 승려들을 동원하여 축성공사를 진행할 때 나라에서는 공사 책임을 서산대사와 사명대사에 이어 판선교도총섭判禪敎都摠攝에 올라 봉은사에 머물고 있던 벽암각성 선사에게 맡겼습니다만, 동원된 승려들이 묵을 곳이 마땅치 않았습니다.

그래서 팔도와 지휘소를 포함해 모두 아홉 곳의 사찰이 남한산성 안에 들어서게 됩니다. 남한산성 내에 예전부터 있던 망월사와 북문 안 남쪽 기슭의 옥정사 외에 동문 북쪽에 장경사, 서문 안에 국청사, 지수당 옆에 개원사, 개원사 동쪽 기슭에 한흥사, 서장대 아래쪽에 천주사, 벌봉 아래에 동림사, 사단社壇 오른쪽에 남단사 등 7곳의 사찰을 더 세운 것입니다. 개원사에는 승도청僧徒廳을 두어 도총섭이 머물며 승군을 총괄했습니다. 9개의 사찰 가운데 천주사, 남단사, 한흥사, 동림사, 옥정사 등 다섯 곳은 아직 복원되지 않아 주춧돌을 비롯한 여러 종류의 석물들만 폐사지에 남아 있습니다.

당시 동원된 승군의 규모는 자세히 알 수는 없습니다. 하지만《중정 남한지重訂 南漢誌》에는 축성 이후 승군의 편제가 담겨 있습니다. 총섭總攝 1명, 승중군僧中軍 1명, 교련관敎鍊官 1명, 초관硝官 3명, 기패관旗牌官 1명, 원거승군原居僧軍 138명, 의승義僧 356명으로 기록되어 있습니다. 원거승군은 산성에 거주하는 승려이고, 의승은 지방의 향승鄕僧을 차출한 승려입니다. 이들 승군은 조석으로 예불과 간경看經을 하며 국가의 안녕을 기원하고 낮에는 군모를 쓰고 훈련을 받으면서 유사시에 대비하였습니다.

남한산성의 방위책임은 초기에는 도성 밖을 지키는 총융청에 있었습니다. 남한산성을 새롭게 축성하고 나서 수어청을 두게 되자, 도성 밖 북쪽은 기존의 총융청이 맡고 남쪽은 새롭게 신설된 수어청에서 맡았습니다. 수어청에는 전前, 좌左, 중中, 우右, 후後의 오영五營이 소속되었는데, 전영장은 남장대, 중영장은 북장대, 후영장과 좌영장은 동장대, 우영장은 서장대에 머물렀습니다. 지금은 서장대만 남아 있습니다.

1711년 북한산성을 완성하고 총융청 소속의 승군 본영을 중흥사에 두고 산성을 방어하였습니다. 처음에는 현지의 승려로 충당하였으나 1714년부터 승번제가 실시되었습니다. 남한산성과 북한산성의 승군은 평안도와 함경도를 제외한 전국에 할당되어 1년에 2개월씩 6회의 윤번으로 복무했습니다. 전체 인원은 700여 명이었는데, 여행경비와 장비를 각자 부담했기에 승군을 보내는 사찰의 부담이 무척 컸습니다. 승군들은 갑오경장으로 승번제가 폐지될 때까지 270여 년간 산성의 수비를 맡았습니다.

내성과 외성으로 이루어진 독특한 구조

남한산성은 내성과 외성으로 구성된 독특한 형식의 산성입니다. 주봉인 청량산(483m)을 중심으로 북쪽으로 연주봉옹성과 동쪽의 신지

벌봉으로 이어지는 남한산성의 외성. 보이는 성채는 병자호란 당시의 것이다.

옹성을 둘러쳐 내성을 이루고, 동쪽으로 봉암성과 한봉성까지, 남쪽으로는 신남성까지 외성이 이어집니다.

외성이란 내성을 보호하기 위한 보조산성입니다. 봉암성은 병자호란 때 청나라 병사들이 봉암성 정상인 벌봉에서 성안의 동태를 살폈기 때문에, 내성을 보강하는 차원에서 동장대 부근에서 동북쪽 산줄기를 따라 벌봉 일대를 포괄하여 성을 쌓았습니다. 한봉성은 봉암성의 동남쪽에서 한봉의 정상까지 구축한 외성으로, 병자호란 때 청나라 군대가 한봉 정상에 포대를 설치하여 성안 곳곳에 포탄을 쏘아대며 유린하였기에, 이러한 요충지를 적으로부터 미리 차단하기 위해 폐곡선을 이루지 않고 일직선으로 연결된 독특한 형태의 성을 쌓았습니다.

신남성은 제7암문에서 남쪽으로 1.5km 지점에 있는 검단산 정상에 세워진 성으로, 내성과 마주보고 있어 대봉^{對峰}이라고 부르기도 합니다. 뛰어난 조망의 전략적 요충지인 이곳에는 두 개의 돈대를 설치하여 적의 척후 활동을 미연에 방지하고 있습니다. 영조 때는 두 돈대 위에 봉수대가 있었습니다.

남한산성에는 남문인 지화문, 북문인 전승문, 동문인 좌익문, 서문인 우익문의 4대문이 있습니다. 장수가 군대를 지휘하던 장대^{將臺}는 동서남북 네 곳과 봉암성의 외동장대를 합하여 다섯 곳에 있었습니다. 현재는 서장대인 수어장대^{守禦將臺}만 남한산성의 주봉인 청량산 정상에 본래의 모습으로 우뚝 서 있고, 나머지 네 곳은 그 터와 주춧돌만 남아 있습니다. 임금은 배북남면^{背北南面}하여 통치를 하기 때문에 궁궐의 방향은 남향일 수밖에 없습니다. 그래서 동쪽은 왼쪽이라 좌익문^{左翼門}, 서쪽은 오른쪽이라 우익문^{右翼門}이라 하였습니다. 모든 전투에서 승리하기를 바라는 마음으로 북문은 전승문^{全勝門}, 빨리 평화가 오기를 간절히 바라며

(위) 남한산성의 동문인 좌익문.
(아래) 남한산성의 남문인 지화문. 남쪽 문이 정문이다.

신지옹성.

정문인 남문은 지화문至和門이라 이름 붙였습니다.

성문 밖으로 또 한 겹의 성벽을 쌓은 것을 옹성甕城이라 하는데, 남한산성에는 모두 5곳에 옹성을 설치하였습니다. 남쪽에 제1, 2, 3의 세 옹성, 동쪽에 신지옹성, 그리고 북쪽에는 연주봉옹성이 있습니다. 남쪽에 많은 옹성을 쌓은 이유는 북, 동, 서쪽에 비해 남쪽이 경사가 완만하여 방어에 취약했기 때문입니다.

대포를 쏠 수 있는 포루는 제1남옹성에 8개, 제2남옹성에 9개, 제3남옹성에 5개, 장경사 부근의 내성에 2개, 신지옹성에 2개, 연주봉옹성에 2개, 봉암성에 2개 등 모두 30개가 있었습니다. 연주봉옹성의 포루 2개는 파괴되어 흔적을 찾을 수 없으나, 나머지 28개는 그 모습을 확인할 수 있습니다.

치雉는 성곽의 일부를 돌출시켜 성벽에 가까이 접근한 적을 쉽게 공격할 수 있도록 만든 구조물인데, 치성, 곡성이라고도 부릅니다. 남한산성에는 제1남옹성, 제2남옹성, 제3남옹성, 연주봉옹성, 외성인 봉암성 등 다섯 곳에 설치되어 있습니다. 특히 연주봉옹성, 제1남옹성, 제3남옹성 세 곳의 치는 축성법의 특징 때문에 학계에서는 신라 문무왕 때 축성한 것으로 추정하고 있습니다.

누각이 없는 문을 암문이라 하는데, 주로 군인들의 비밀통로로 사용되었습니다. 남한산성에는 홍예문과 같은 아치형으로 된 것이 열 곳, 네모난 우물 정#자 형태가 여섯 곳에 이릅니다. 암문의 번호는 최근에 동문에서 북문으로 차례로 붙인 것입니다.

분지 형태의 남한산성에는 80개의 우물과 45개의 연못이 있을 정도로 물이 풍부했습니다. 국청사, 천주사, 개원사, 옥정사에서 흘러내린 네 개의 계곡물이 지수당 부근에서 합류하여 서고동저西高東低의 지형적 특성 때문에 동쪽으로 흐르며, 동문인 좌익문 옆 성벽에 구축된 수구문을 지나 성 밖으로 흘러갑니다. 봉수대도 두 곳에 설치되어 있었습니다.

인조가 꿈에 백제의 온조왕을 만났다는 암문.

남한산성 행궁의 정문인 한남루.

도성의 격식을 갖춘 행궁

조선의 행궁은 수원, 강화, 전주, 의주, 양주, 부안, 온양, 낙생, 광주에 있었는데, 남한산성에 둔 광주행궁은 남한행궁이라고도 불렀습니다. 남한행궁은 1624년 남한산성 축성 때 함께 세웠으며, 임금이 여주에 있는 세종의 능인 영릉英陵과 효종의 능인 영릉寧陵을 참배하러 오갈때 머물던 곳이었습니다.

전국 20여 곳의 행궁 가운데 유일하게 종묘에 해당하는 좌전左殿과 사직단에 해당하는 우실右室이 설치되어 있습니다. 도성의 격식을 제대로 갖추려고 노력한 흔적이 보입니다. 임금이 머무는 73칸 규모의 상궐上闕은 내행전으로 서쪽 담장 문을 통해 좌승당으로 연결되고, 154칸 규

모의 하궐下闕은 외행전으로 상궐의 삼문 밖에 위치하며 서쪽 담장 문을 통하여 일장각과 통하게 되어 있습니다. 행궁의 정문인 한남루는 원래 있던 외삼문 위에 누각으로 세운 것입니다. 객관인 인화관과 재덕당, 좌승당, 일장각 등의 부속건물도 배치되어 있습니다.

　이곳 행궁에서 병자호란 당시 조선의 운명을 건 주전파와 주화파의 치열한 격론이 벌어졌습니다. 격론의 현장은 끝없이 밀어 닥치는 지방 수령과 군졸들의 이탈 상황에 대한 장계로 인해 무겁게 가라앉곤 했습니다.

　12월 14일 한겨울에 남한산성으로 들어온 인조를 비롯한 1만 2천여 명의 신하와 군졸, 양민 들은 추위와 굶주림에 떨어야 했습니다. 1월 중순에 이르자 양식이 떨어져 새벽에는 닭 울음소리조차 들리지 않았다고 기록되어 있습니다.

　당시 인조의 처절한 심정이 기록에 고스란히 전해지고 있습니다. 새벽에 망궐례를 마친 인조는 때마침 내리는 눈비에 젖은 군졸들을 보며 "군민이 다 죽겠구나" 한탄한 후 행궁 뜰에 나와 거적을 깔고 향을 피운 다음 엎드려 눈물을 흘리며 날이 저물도록 하늘에 빌었다고 합니다.

> "고립된 이 성에 들어와 믿는 것은 하늘인데, 이처럼 눈이 내려 장차 얼어 죽을 형세이니 내 한 몸은 아까울 것 없거니와 백관과 만민이 하늘에 무슨 죄가 있습니까. 조금이나마 날씨를 개게 하여 우리 군사와 백성을 살리소서."

　이렇듯 인조의 처절하고 비참한 회한이 서려 있는 행궁을 숙종, 영조, 정조, 철종, 고종은 수시로 찾아와 머물렀습니다. 또한 남한산성의 군사적 가치를 높이 평가하여 이곳에서 군사훈련과 무과시험을 열기도 하였습니다.

옥처럼 단단한 보루, 철벽 같은 산성

　한편 남한산성에는 세 곳에 사당이 있습니다. 숭렬전崇烈殿은 백제의 시조 온조왕을 모신 사당으로 처음에는 '온조왕 묘廟'로 건립되었습니다. 조선 초기에는 직산에 있었는데 임진왜란 때 소실되었습니다. 남한산성으로 몽진 온 인조의 꿈에 온조왕이 나타나 적의 침입을 알려주어 무찌르게 되자, 남한산성으로 옮겨 세웠다고 합니다.

청량당은 산성을 쌓은 팔도도총섭 벽암각성 대사와 동남쪽의 공사 책임을 맡았으나 그를 시기한 무리들의 모함으로 처형된 이회, 그리고 남편을 따라 강물에 투신자살한 그의 부인 송씨의 위패를 함께 모셨습니다. 이회가 참수당할 때 그의 목에서 매 한 마리가 날아 나와 부근의 바위에 앉았다가 날아가기에, 이를 기이하게 여겨 이회가 공사한 부분을 다시 조사해보니 견고하고 충실하게 축조되어 있어 무죄가 밝혀졌다고 합니다.

현절사는 병자호란 때 청나라와 계속 항쟁할 것을 주장한 주전파로서 소현세자, 봉림대군과 함께 심양으로 끌려가서 끝까지 충절을 지키다 처형당한 오달제, 윤집, 홍익한 등 삼학사를 모신 사당입니다. 나중에 좌의정 김상헌과 이조참판 정온의 위패도 현절사에 함께 모셨습니다. 삼학사란 명칭은 1671년 송시열이 〈삼학사전三學士傳〉을 지으면서 이

온조의 사당 숭렬전.

(위) 병사들이 훈련을 하던 연무관.
(아래) 지수당은 연못에 에워싸인 정자다.

들에게 붙여졌습니다.

　침괘정은 예로부터 백제 온조왕의 왕궁지였다고 전해지나 뚜렷이 이를 뒷받침할 자료는 없습니다. 산성을 수축할 당시 수어사 이서가 건물 터를 발견하였는데, 1751년(영조 27) 광주유수 이기진이 중수하고 침괘정이라 명명하였습니다. 근처에 무기고나 무기제작소가 있었던 것으로 추정됩니다.

　연무관은 군사들이 무예를 연마하던 곳으로, 무예가 뛰어난 사람은 한양으로 뽑아 보냈다고 합니다. 연무당이라 부르던 것을 숙종 때 '연병관練兵館'이란 편액을 내렸으며, 정조 때 수어영守禦營이라 개칭하였으나 지금은 연병관 또는 연무관이라고 부릅니다. 건물 전면에 원기둥을 세우고 주련을 새겼는데, 군사훈련을 연상시키는 내용을 적어놓았습니다.

　한길 높은 산에 옥처럼 단단한 보루와 철벽 같은 산성 　玉壘金城萬仞山
　바람과 구름, 용과 호랑이 기이한 힘을 발하는구나 　風雲龍虎生奇力
　각우궁상 음악소리 계림(연무관)에 진동하고 　角羽宮商動界林
　은밀히 파뿌리를 전하자 삼본이 텅 비었네 　密傳蔥本公三本

　지수당은 1672년(현종 13) 광주부윤 이세화가 엄고개에 주정소晝停所를 새로 지으면서 폐목재를 옮겨와서 건립하였습니다. 정자를 가운데 두고 앞뒤로 3개의 연못이 있었으나, 정자와 연못 2개는 남고 연못 하나는 밭으로 변하였습니다. 남학명이 지은 〈지수당기地水堂記〉에는 "백성을 용납하고 무리를 기른다"는 뜻이라고 적혀 있습니다.

아차산 정상에서
고구려의 기상을 품다

기행 코스

망우리 묘역에서 독립열사들의 묘역을 참배하고
한양의 외사산^{外四山}으로 서울에서 제일 먼저 해가 뜨는
아차산의 고구려 보루와 아차산성을 둘러보는 일정

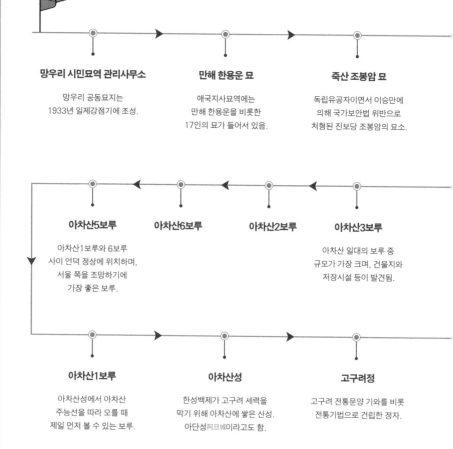

망우리 시민묘역 관리사무소

망우리 공동묘지는
1933년 일제강점기에 조성.

만해 한용운 묘

애국지사묘역에는
만해 한용운을 비롯한
17인의 묘가 들어서 있음.

죽산 조봉암 묘

독립유공자이면서 이승만에
의해 국가보안법 위반으로
처형된 진보당 조봉암의 묘소.

아차산5보루

아차산1보루와 6보루
사이 언덕 정상에 위치하며,
서울 쪽을 조망하기에
가장 좋은 보루.

아차산6보루

아차산2보루

아차산3보루

아차산 일대의 보루 중
규모가 가장 크며, 건물지와
저장시설 등이 발견됨.

아차산1보루

아차산성에서 아차산
주능선을 따라 오를 때
제일 먼저 볼 수 있는 보루.

아차산성

한성백제가 고구려 세력을
막기 위해 아차산에 쌓은 산성.
아단성^{阿旦城}이라고도 함.

고구려정

고구려 전통문양 기와를 비롯
전통기법으로 건립한 정자.

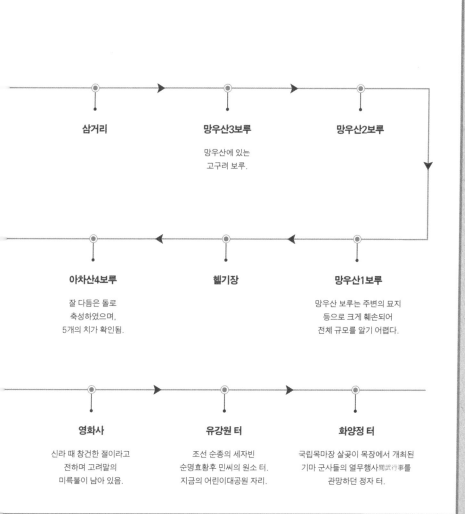

삼거리

망우산3보루

망우산에 있는
고구려 보루.

망우산2보루

아차산4보루

잘 다듬은 돌로
축성하였으며,
5개의 치가 확인됨.

헬기장

망우산1보루

망우산 보루는 주변의 묘지
등으로 크게 훼손되어
전체 규모를 알기 어렵다.

영화사

신라 때 창건한 절이라고
전하며 고려말의
미륵불이 남아 있음.

유강원 터

조선 순종의 세자빈
순명효황후 민씨의 원소 터.
지금의 어린이대공원 자리.

화양정 터

국립목마장 살곶이 목장에서 개최된
기마 군사들의 열무행사閱武行事를
관망하던 정자 터.

일제의 음모를 증언하는 망우리 공동묘지

주엽산에서 갈라진 한북정맥의 한 줄기는 남쪽으로 천보산, 송산, 깃대봉, 숫돌고개를 거쳐 수락산에서 높이 솟구친 다음, 그 여맥이 불암산, 검암산, 봉화산, 망우산, 용마산, 아차산으로 이어집니다.

신내동의 봉화산, 망우동의 망우산, 면목동의 용마산, 그리고 아차산을 총칭하여 아차산군峨嵯山群이라고 일컫습니다. 이런 연유로 옛 기록에는 이 산들을 모두 아차산으로 적고 있습니다. 봉화산은 아차산의 봉수대로, 용마산은 아차산의 용마봉으로 기록하였습니다. 망우산은 망우리라는 지명만 있지, 산 이름으로는 기록에 보이지 않습니다.

아차산군의 산줄기는 조선 초기에는 매우 중요하게 여겼습니다. 그도 그럴 것이 이 산줄기와 이어져 있는 검암산이 조선을 세운 태조 이성계의 건원릉을 품고 있기 때문입니다. 뿐만 아니라 건원릉을 조성한 이후 계속해서 여덟 개의 능이 더 모셔졌습니다.

검암산 아래 자신의 묏자리를 정하고 한양도성으로 돌아오던 이성계가 망우리 고개에서 잠시 쉬며 '이제야 한시름을 잊겠다於斯吾憂忘矣'고 말한 데서 망우리 고개라는 이름이 붙여졌다는 이야기가 전해 옵니다. 일반적으로 알려지기로는 이곳 공동묘지에 사람이 죽어 묻히면 비로소 삶의 모든 근심을 떨쳐버리기 때문에 망우리라고 부른다는 것

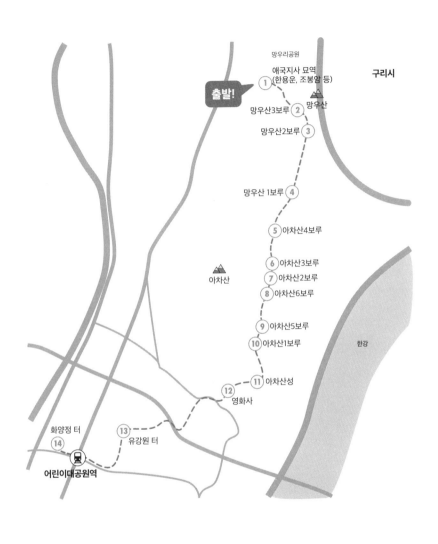

망우리공원 애국지사묘역을 둘러본 후
망우산에서 아차산으로 이어지는 산성과 고구려 보루를 답사합니다.
산을 내려와 유강원 터와 화양정 터를 둘러봅니다.

독립운동가이며 민족대표 33인 중의 하나인 만해 한용운과 그 부인의 묘.

입니다.

　망우리에 공동묘지가 생긴 것은 1933년의 일이었습니다. 일제강점기인 1912년 묘지와 매장 등에 관한 법률을 제정하여 미아리와 수철리(지금의 금호동) 그리고 신사리(지금의 은평구 신사동)에 공동묘지를 만들었는데, 이 세 곳으로 부족하자 망우산에 추가로 공동묘지를 조성하였습니다. 일제가 신설 공동묘지를 망우산으로 정한 데는, 조선의 초대 임금이 묻힌 왕릉의 산줄기에 하층민들이 이용하는 공동묘지를 조성함으로써, 조선 군왕의 권위를 떨어뜨리려는 음흉한 음모가 배경에 깔려 있었습니다.

　일제의 이러한 흉계는 조선을 합병시키고 나서 풍수지리적으로 길지에 해당하는 전국의 산천에 신작로를 내고 쇠말뚝을 박는 파렴치한 행위로 나타났습니다. 그 저의는 금수강산에 가득한 조선의 힘찬 기운

독립유공자이자 이승만에 의해 국가보안법 위반으로 처형된 죽산 조봉암의 묘.

을 쇠잔시키려 하였던 것입니다.

　이러한 사연들을 종합해볼 때 망우리 지명의 유래는 조선 초 태조 이성계의 '시름을 잊게' 했다는 내력이 더 설득력을 갖는 것 같습니다. 망우리 고개의 원래 위치는 봉화산과 망우산 사이의 중앙선이 다니는 터널 위에 있었습니다만, 일제강점기 때 신작로를 내면서 지금의 위치로 옮겨 넓게 도로를 만들었습니다.

　망우리 공동묘지에는 일반인뿐만 아니라 독립애국지사를 비롯한 유명인사 17분이 잠들어 있습니다. 독립운동가이며 민족대표 33인 중의 하나인 한용운과 오세창, 우리나라 어린이운동의 선구자 방정환, 민족사학자 문일평, 종두법을 널리 보급한 한글 학자 지석영, 독립유공자 서동일, 오재영, 김정규, 유상규, 서광조, 장덕수와 독립유공자이면서 이승만에 의해 국가보안법 위반으로 처형된 진보당의 조봉암, 그리고 세브란스 의학전문학교 최초의 한국인 교장을 역임한 오긍선, 화가 이중섭과 이인성, 문인 박인환과 최학송, 작곡가 채동선의 묘가 이곳에 있습니다. 도산 안창호의 묘도 처음 이곳에 있었으나 지금은 강남으로 이장하였습니다.

서울 사람들이 쉽게 구할 수 있던 묏자리인 망우리 공동묘지는 1973년에 2만8천여 기를 넘기면서 더 이상 사용할 수가 없게 되었음에도 불구하고, 1994년까지 주변의 산자락을 잠식하며 3만3천여 기까지 계속 늘어났습니다. 서울시와 중랑구에서 '망우묘지공원 종합정비계획'을 수립하고 이장과 납골을 장려한 다음부터는 해를 거듭할수록 묏자리의 수가 줄고 있습니다.

아차산에서 고구려를 만나다

아차산은 한강을 서로 차지하려고 삼국이 싸울 때 지정학적으로 매우 중요한 요충지였습니다. 한강유역에 도읍을 정한 한성백제는 남하해 오는 고구려 세력을 막기 위해 아차산에 산성을 쌓았는데, 이 산성을 아단성阿旦城 또는 아차산성이라고 합니다.

그럼에도 고구려 장수왕은 아차산까지 쳐내려와 백제 개로왕의 목을 베고 아차산을 차지하였습니다. 고구려는 아차산에 여러 개의 보루를 설치하였는데, 이곳 보루는 한강유역을 경계하는 성채의 기능을 담당하였습니다. 이곳에서 온돌과 우물이 발굴된 것을 보면, 고구려 병사들이 숙식을 하며 주둔했던 것으로 보입니다.

아차산 일대의 고구려 보루 유적은 1989년에 발생한 아차산 산불

(위) 용마산에서 내려다본 서울 시가지.
(아래) 용마산 가는 길에 쌓아 놓은 돌탑.

복원된 아차산 제4보루.

을 진화하다가 발견하였습니다. 산등성이를 따라 길게 이어진 돌무지들과 그 사이에 자리한 각 산봉우리에서 일정한 간격을 두고 파인 넓은 구덩이가 확인되었는데, 이것이 지금의 산성과 보루였습니다.

산성은 아차산 능선을 반달 모양으로 감싸고, 북쪽의 용마산과 망우산 능선을 따라 다시 한 번 반달 모양으로 감싸 안은 석성이었습니다. 대략 500m의 간격을 두고 20여 개의 보루들이 지형에 맞게 돌로 축조되어 있었습니다.

　　아차산 일대의 보루들은 쌓는 방법에서 고구려 양식의 여러 가지 수법들을 보여줍니다. 성벽을 두른 곳곳에 장방형으로 툭 튀어나오게 쌓은 치성雉城은 고구려 성에서 볼 수 있는 특징입니다. 고구려 토기의 대표적인 유형인 입이 벌어진 나팔입항아리와 다리가 셋 달린 원통형 세발토기 파편들도 발견되었습니다. 특히 아차산 제4보루에서 흥미로운 명문後部都○兄이 새겨진 접시 조각을 발견했는데, 후부는 고구려의 5부 행정구역의 하나로서 고구려의 성곽임이 분명해졌습니다.

(위) 복원된 아차산 제4보루의 치.
(아래) 아차산 제5보루. 아직 복원되지 않았다.

아차산 일대에 분포한 고구려 보루 가운데 아차산 능선의 7개소(홍련봉 2개소 포함), 용마산 능선의 7개소, 망우산 능선의 2개소 모두 16개소가 사적지로 지정되었습니다. 사적지로 지정 받지 못한 것과 소실된 것을 합치면 무려 30여 개소의 보루가 아차산 일대에 있었던 것으로 추산되는데, 고구려가 한강유역의 아차산을 지키기 위하여 얼마나 혼신의 힘을 기울였는지 가늠할 수 있습니다.

그동안 한강유역에는 주로 백제와 신라의 역사만 전해져 왔으나, 고구려 보루군이 발견되면서 한강유역에서 그동안 상대적으로 소외되었던 고구려가 새롭게 등장하게 되었습니다. 아차산의 고구려 보루군은 고구려의 남진정책을 확인하는 중요한 유적입니다.

한편 개로왕이 죽임을 당하자 한성백제는 한강유역을 버리고 남쪽으로 내려가 금강유역에 공산성을 쌓고 웅진백제의 깃발을 세우게 됩니다.

고구려가 백제한테서 빼앗은 한강유역을 다시 신라가 차지하자 고구려 평원왕의 사위 온달 장군이 잃어버린 땅을 되찾으려고 아차산성에서 신라군과 싸우다 전사하였다는 이야기가 전해져 옵니다.

고려시대에는 전쟁 등 위급한 상황이 닥치면 왕이 피난하여 계속해서 정사를 돌볼 수 있도록 삼경체제를 갖추었습니다. 도성은 개경(개성)으로 삼고, 북쪽에 서경(평양) 남쪽에 남경(서울)을 두었습니다.

남경을 풍수지리적으로 보면 다섯 봉우리五德山가 둘러싸고 있는 형국으로, 오행에 따라 중앙에 토덕土德인 백악, 북쪽에 수덕水德인 감악산, 남쪽에 화덕火德인 관악산, 서쪽에 금덕金德인 계양산, 동쪽에 목덕木德인 아차산이 자리 잡고 있습니다. 이처럼 아차산은 고려시대에도 남경 동쪽의 으뜸 봉우리로 격을 갖춘 산으로 인정 받았습니다.

말의 거친 숨소리가 들려오는 뚝섬 살곶이 목장

아차산 서쪽 기슭은 조선 초기 태조와 태종 때부터 사냥터로 사용되던 곳입니다. 이곳에 살곶이 목장이라는 국립목마장이 설치되었으며, 그 후 역대 왕들은 뚝섬에 성덕정聖德亭과 화양정華陽亭을 지어놓고 기마 군사들의 열무행사閱武行事를 개최하였습니다.

살곶이 목장 주변은 대규모의 뽕나무 밭인 아차산 잠실이 있던 곳입니다. 조선시대에는 건물, 관곽棺槨, 가구의 도료로 사용되는 옻나무, 견직물을 생산하기 위해 누에에게 먹이는 뽕나무, 식용할 수 있는 과일나무 등 세 종류의 나무 심기를 권장하였습니다.

특히 뽕나무를 대량 생산하기 위한 잠실이 동잠실, 서잠실, 아차산 잠실, 연희궁 잠실, 낙천정 잠실 등 서울에만 다섯 곳에 있었던 것 같습니다. 동잠실은 잠실종합운동장과 잠실 아파트 단지 일원이고, 아차산 잠실은 화양리와 뚝섬 일대이며, 연희궁 잠실은 조선 초기 서쪽 이궁이었던 지금의 연세대학교 부근 연희궁 터, 낙천정 잠실은 조선 초기 남쪽 이궁인 대산이궁이 있던 지금의 뚝섬 일대였습니다. 서잠실은 장소가 명확하지 않습니다.

이 다섯 곳의 잠실에서 뽕나무 묘목을 키워 여의도 옆에 있었던 밤섬으로 보내면, 그곳에서 봉상시, 내자시, 예빈시, 제용감, 사포서의 다섯 개 기관이 분담하여 뽕나무를 집단으로 키웠습니다. 결국 다섯 곳의 잠실은 묘목장이고, 밤섬은 양육장인 셈입니다.

아차산 남쪽에는 한강을 건너는 서울의 나루 중 가장 상류에 위치한 광나루가 개설되었습니다. 흥인지문과 광희문을 통해 도성을 나와 살곶이다리가 있는 전관원箭串院과 광나루의 광진원廣津院을 거쳐 광나루

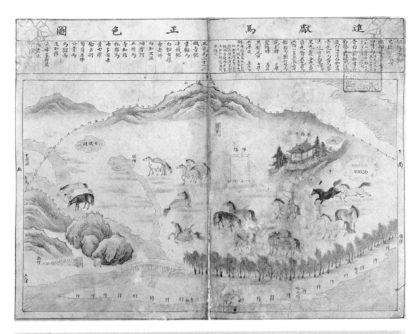

(위) 살곶이 목장을 그린 허목의 〈진헌마정색도進獻馬正色圖〉.
(아래) 겸재 정선이 그린 광나루의 모습.

에서 한강을 건너 강원도, 충청도, 경상도로 가게 됩니다.

광나루로 내려서기 직전의 산등성이에는 워커힐이라는 지명이 붙어 있습니다. 한국전쟁 때 전사한 미8군사령관 워커 장군의 이름을 따서 붙인 것으로, 박정희 군사독재 시절 외화벌이라는 미명 아래 외국인을 상대하는 카지노 호텔을 이곳에 지었습니다.

아차산 남서쪽 기슭에 위치한 영화사는 신라 문무왕 때 의상대사가 창건한 절이라고 전하는데, 현존하는 미륵불이 고려 말의 것으로 추정되어 늦어도 고려 말 이전에 창건되었다고 볼 수 있습니다.

조선 태조 때 이 절의 등불이 궁성에까지 비친다고 하여 절을 용마산 아래의 군자동으로 옮겼다가 뒤에 다시 중곡동으로 옮겼다고 합니다. 1907년에 이르러서야 지금의 자리로 다시 옮겼습니다. 세조가 지병을 치유하기 위하여 기도 성취하였다는 전설이 담긴 미륵석불을 모신 미륵전이 자연암반 위에 세워져 있고, 400년 된 느티나무도 남아 있습니다.

아차산 용마봉과 이어져 있는 어린이대공원은 조선 27대 마지막 왕인 순종의 세자빈 순명효황후 민씨가 세상을 떠나자 그를 위해 마련한 유강원裕康園이 있었던 자리입니다. 1904년 순명효황후가 승하하자 용마봉 아래 지금의 어린이대공원 자리에 안장하고 원호園號를 유강원이라 하였습니다.

1926년에 순종이 승하하자 남양주 금곡에 있는 고종의 홍릉 왼쪽 산줄기에 장사 지내고 능호를 유릉이라 하였습니다. 이때 유강원에서 순명효황후를 천장하여 합장하였고, 1966년 순종의 계후繼后인 순정효황후가 승하하자 계후도 함께 합장하였습니다.

유강원 터는 5·16 군사 쿠데타 이후 골프장으로 변했다가 다시 어

국립중앙박물관에 있는 작자 미상의 화양정 그림.

화양정 터가 느티나무공원이 되었다.

린이대공원으로 탈바꿈하여 지금에 이르고 있습니다.

　태조 이성계는 중랑천변 일대에 군사용과 파발용 말을 기르는 목장인 살곶이 목장을 만들었고, 세종은 목장을 관망할 수 있는 화양정이란 정자를 세웠습니다. 노산군으로 강봉된 단종이 영월로 귀양 가던 중 이곳에서 하룻밤을 묵었는데, 백성들이 단종이 다시 돌아오기를 바라는 마음에 '회행정回行亭'이라고 불렀다고 합니다. 1882년 임오군란으로 명성황후가 변복을 하고 장호원으로 피난 갈 때 화양정에서 잠시 쉬어갔다고 하는 이야기도 전합니다.

　화양정은 1911년 벼락을 맞아 정자는 없어지고, 그 터에 남아 있는 수령 300여 년 된 느티나무만 기념물로 보호 받고 있습니다. 화양정의 모습은 1678년에 허목이 살곶이 목장을 그린 〈진헌마정색도^{進獻馬正色圖}〉에서 확인할 수 있는데, 허목은 당시 사복시의 제조였습니다. 국립중앙박물관이 소장하고 있는 작자 미상의 화양정 그림도 전합니다.

동구릉과
주변의 옛 마을

기행 코스

세계 최대의 왕릉군王陵群인 동구릉과 왕릉을 조성할 때
동원된 이들 중 일부가 남아서 이룬 자연부락을 둘러보는 일정

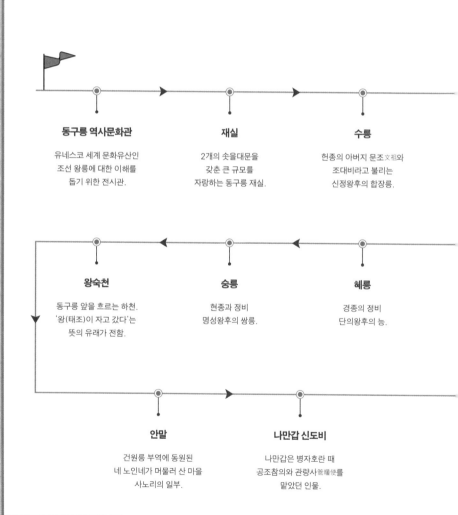

동구릉 역사문화관

유네스코 세계 문화유산인
조선 왕릉에 대한 이해를
돕기 위한 전시관.

재실

2개의 솟을대문을
갖춘 큰 규모를
자랑하는 동구릉 재실.

수릉

헌종의 아버지 문조文祖와
조대비라고 불리는
신정왕후의 합장릉.

왕숙천

동구릉 앞을 흐르는 하천.
'왕(태조)이 자고 갔다'는
뜻의 유래가 전함.

숭릉

현종과 정비
명성왕후의 쌍릉.

혜릉

경종의 정비
단의왕후의 능.

안말

건원릉 부역에 동원된
네 노인네가 머물러 산 마을
사노리의 일부.

나만갑 신도비

나만갑은 병자호란 때
공조참의와 관량사管糧使를
맡았던 인물.

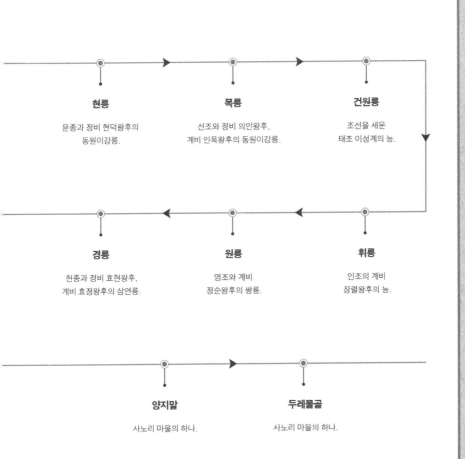

현릉

문종과 정비 현덕왕후의
동원이강릉.

목릉

선조와 정비 의인왕후,
계비 인목왕후의 동원이강릉.

건원릉

조선을 세운
태조 이성계의 능.

경릉

헌종과 정비 효현왕후,
계비 효정왕후의 삼연릉.

원릉

영조와 계비
정순왕후의 쌍릉.

휘릉

인조의 계비
장렬왕후의 능.

양지말

사노리 마을의 하나.

두레물골

사노리 마을의 하나.

태조 이성계, 동구릉을 묏자리로 택하다

남으로 달려온 백두대간이 분수치分水峙에서 서쪽으로 방향을 틀어 대성산, 적근산, 광덕산, 백운산, 국망봉, 운악산, 주엽산으로 높낮이를 달리하며 이어지는 산줄기가 한북정맥입니다. 한북정맥의 으뜸줄기는 포천 축석고개를 넘으며 북서쪽으로 방향을 바꿔 불곡산, 홍복산, 도봉산, 노고산을 지나 장명산에서 서해로 숨어들고, 그 버금줄기는 광릉을 감싸고 돌아 서원천과 중랑천을 사이에 두고 남쪽으로 주엽산, 천보산, 송산, 깃대봉, 숫돌고개를 거쳐 수락산에서 힘차게 솟구쳤다가 불암산, 검암산, 망우산, 아차산으로 이어져 광진나루에서 한강으로 숨어듭니다.

이렇듯 한북정맥의 남쪽으로 뻗은 버금줄기에 위치한 검암산劍岩山은 구릉산이라 부르기도 합니다. '검劍'자가 '칼'을 의미하므로 불길하다 하여 아홉 왕릉을 모신 후로 구릉산九陵山이라는 이름을 얻게 되었습니다.

풍수지리에 관심이 많았던 태조 이성계는 신후지지身後之地(살아 있을 때 미리 잡아두는 묏자리)를 무학대사와 하륜에게 알아보도록 하명하였습니다. 그리하여 검암산 아래 좌청룡 우백호가 너른 들판을 감싸 안고 그 가운데로 왕숙천이 흐르는 명당을 택하게 되었습니다. 많은 왕

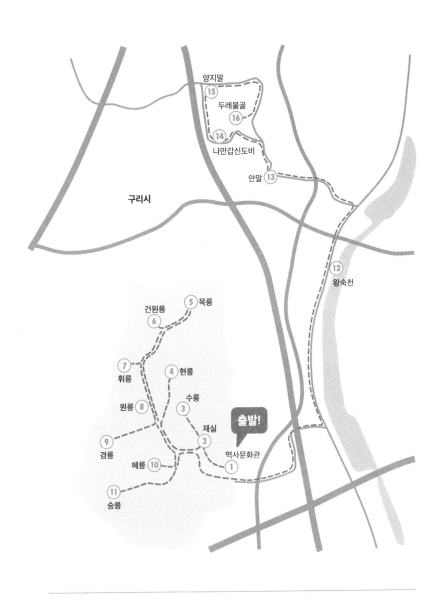

동구릉역사문화관을 시작으로 9개의 왕릉을 차례로 돌아봅니다.
이어서 왕숙천을 따라 사노리 마을을 찾아갑니다.

아홉 왕릉, 열여섯 봉분의 배치를 보여주는 동구릉 종합안내도.

들이 이곳에 묻혀 동오릉, 동칠릉 등으로 불리다가 철종 때 익종翼宗의 유릉裕陵이 조성되고 비로소 동구릉이 되었습니다.

유교에서 보면 삶과 죽음은 사람에게 혼백魂魄이 있느냐 없느냐로 구별됩니다. 사람이 살아 있다는 것은 육신을 거느리는 백魄과 정신을 다스리는 혼魂이 사람의 몸에 함께 있다는 뜻이고, 사람이 죽으면 혼은 하늘로 돌아가고 백은 땅으로 돌아간다는 것입니다. 그런 까닭에 유교의 제례의식은 혼을 모시는 사당과 백을 모시는 무덤 두 곳에서 치러집니다.

조선의 왕과 왕비는 죽은 다음 정신인 혼은 종묘宗廟에 배향되고, 육신인 백은 왕릉에 묻히게 됩니다. 임금은 살아 있을 때는 이름이 없이 전하殿下로만 불리다가, 죽고 나서야 두 개의 이름을 갖게 됩니다. 하나는 종묘에 배향될 때 얻게 되는 혼의 이름인 묘호廟號이고, 다른 하나는

왕릉에 안장될 때 얻게 되는 백의 이름인 능호陵號입니다. 우리가 흔히 부르는 태조太祖, 세종世宗, 성종成宗은 묘호이고, 건원릉建元陵, 영릉英陵, 선릉宣陵은 능호입니다.

조선왕실의 무덤은 그 위계에 따라서 다르게 부릅니다. 왕과 왕비의 무덤을 능陵이라 하고, 세자, 세자빈, 세손 그리고 왕을 낳은 후궁과 대원군 부부의 무덤을 원園이라 하고, 나머지 왕족, 즉 왕의 정비의 아들과 딸인 대군과 공주, 왕의 서자와 서녀인 군과 옹주, 왕의 후궁인 빈嬪, 귀인貴人, 숙의淑儀 등의 무덤을 묘墓라고 부릅니다.

반정反正으로 왕위에서 쫓겨난 연산군과 광해군은 묘호를 받지 못해서, 연산군의 생모인 폐비 윤씨는 복권이 되지 않아서 능이라 부르지 않고 묘라고 부릅니다.

역성혁명으로 고려를 무너뜨리고 건국한(1392년) 이래 한일합방

(1910년)까지 519년 동안 지속된 조선왕조는 왕과 왕비 및 추존 왕과
왕비 그리고 폐위된 두 왕의 묘를 합해 44기의 무덤이 모두 보존되어
있습니다. 이들 왕릉은 대부분 서울 근교에 있는데, 한양도성에서 10리
거리인 성저십리城底十里에서 100리 거리인 교郊 사이에 왕릉을 마련하도
록《국조오례의國朝五禮儀》에서 명시하고 있기 때문입니다.

　이러한 규정에 예외인 경우가 몇 있습니다. 이성계가 임금이 되기
전에 죽은 본처 신의왕후의 능인 제릉齊陵과 피비린내 나는 왕자의 난을
겪고 개경으로 환도한 정종의 능인 후릉厚陵은 개성에, 유배지에서 죽은
단종의 능인 장릉莊陵은 영월에, 세종과 소헌왕후의 합장릉인 영릉英陵과
효종의 능인 영릉寧陵은 여주에 있습니다. 세종과 소헌왕후의 합장릉은
원래 대모산 기슭에 있던 것을 예종 때 무덤 자리가 불길하다는 이유로
여주로 옮겼습니다.

유네스코 세계문화유산인 조선 왕릉에 대한 이해를 돕기 위해 건립된 동구릉 역사문화관.

조선의 왕릉은 능침陵寢에 모신 분의 수, 봉분의 수, 봉분의 위치에 따라 6종류의 형태로 나뉩니다.

단릉單陵은 왕이나 왕비를 홀로 모신 능이고, 합장릉合葬陵은 왕과 왕비 두 분 또는 왕과 왕비 그리고 계비의 세 분을 같은 봉분에 모신 능입니다. 쌍릉雙陵은 왕과 왕비의 재궁梓宮과 봉분이 따로 좌우로 나란히 붙어 조성된 능입니다. 우양좌음右陽左陰의 원칙에 따라 오른편이 왕, 왼편이 왕비의 봉분입니다.

동원상하릉同原上下陵은 혈이 좁아 좌우로 벌려 놓을 수 없어 아래위로 조성한 능입니다. 상왕하비上王下妃의 원칙에 따라 위쪽이 왕, 아래쪽이 왕비의 봉분입니다. 동원이강릉同原異岡陵은 하나의 정자각 뒤로 언덕을 달리하여 왕과 왕비의 봉분을 배치한 경우입니다. 삼연릉三連陵은 같은 언덕에 왕과 왕비 그리고 계비의 봉분을 나란히 조성하고 곡장을 두른 형태입니다. 죽은 사람의 위계는 전통적으로 서쪽을 위로 하는 서상제西上制를 채택하게 되는데, 종묘와 왕릉에 모두 적용되었습니다.

하마비에서 능침까지

왕릉에 조성된 시설물을 입구에서부터 살펴보면 하마비下馬碑가 제일 먼저 나타납니다. 왕을 비롯한 모든 헌관獻官들이 말에서 내리라는 표시로, 왕은 이곳에서 가마輦로 갈아탑니다.

다음에는 제례를 준비하는 재실齋室이 위치합니다. 향과 축문을 두는 향대청香臺廳, 제기를 보관하는 제기고祭器庫, 제사 음식을 마련하는 전사청典祀廳, 제관이 머무는 재실로 이루어져 있으며, 왕릉을 지키는 능참

봉은 평소 재실에 거주합니다.

금천교禁川橋는 능 입구에 놓여 있는 다리로 속세에서 신성한 공간으로 건너는 상징물입니다. 궁궐 입구에도 금천교가 놓여 있습니다.

홍살문은 제향공간 입구에 세운 문으로 화살 모양의 붉은 문이라는 뜻입니다. 죽은 사람의 영역인 사당과 묘역 입구에 설치합니다.

홍살문을 들어서면 오른쪽 옆에 전돌로 조성한 한 평 정도 크기의 정방형의 판석이 눈에 뜨입니다. 배위拜位, 판위版位 또는 망릉위望陵位라고도 부르며, 임금이 선왕에게 제향을 모시기 위해 왔다고 알리는 알릉례謁陵禮와 제향을 마치고 돌아간다고 알리는 사릉례辭陵禮를 올리는 곳입니다.

참도參道는 왼쪽이 높고 오른쪽이 낮은 두 개의 길로, 정자각까지 박석薄石이 깔려 있습니다. 왼쪽 길은 왕릉에 묻힌 왕과 왕비가 다니는 신도神道이고, 오른쪽 길은 현재의 왕이 다니는 어도御道입니다.

정자각은 제향공간의 중심 건물입니다. 모양이 정丁이라는 글자와 닮았다고 해서 붙여진 이름인데, 제향을 모시는 정전正殿과 수행한 향관들이 배열하는 배위청拜位廳으로 나뉩니다.

정자각의 동쪽에 위치하는 수복방은 능을 지키는 수복守僕이 머무는 공간입니다. 수라간은 정자각의 서쪽, 수복방 건너편에 위치하며, 제향 음식을 준비하는 부엌 역할을 하는 곳입니다. 수라간 근처에는 제례 때 사용할 물을 긷는 제정祭井이 자리합니다.

정자각의 오른편에는 비각碑閣이 서 있는데, 비문의 내용에 따라 묘표墓表, 묘갈墓碣 그리고 신도비神道碑로 구분합니다. 표표는 왕실과 사대부를 비롯해 중인이나 서민들까지도 세울 수 있습니다. 귀부龜趺가 아닌 방부方趺를 사용하였다는 양식적 특징이 있습니다. 묘갈은 사대부 층이

(위) 태조 이성계의 신도비. 임금의 신도비는 세종 때까지만 세웠다.
(아래) 제사음식을 진설하고 제례를 올리는 정자각.

주로 세웠지만, 공주와 후궁 등의 왕실은 물론 서민층에서도 세운 기록이 보입니다. 양식은 묘표와 거의 같다고 보면 됩니다.

신도비는 태조의 건원릉 신도비, 태종의 헌릉 신도비, 세종의 영릉 신도비 등 초기 왕릉에만 세워져 있습니다. 국왕의 사적은 실록에 기록된다는 주장에 따라 문종 때부터는 신도비를 세우지 않았습니다. 반면에 많은 사대부들이 신도비를 세웠는데, 벼슬이 2품 이상인 경우에만 세울 수 있었습니다. 귀부와 이수螭首를 화려하게 조각하고 이수에는 제액題額도 새겼습니다.

비문의 내용 가운데 망자의 일대기만 간략하게 기록한 것을 서序라 하고, 살아 있을 때의 업적을 칭송한 장황한 기록을 명銘이라고 합니다. 묘표는 서만 있고, 묘갈과 신도비는 서와 명이 함께 기록되어 있습니다.

축문과 제문을 태우는 망료위.

일반적으로 신도비를 묘의 동남쪽에 세우게 된 것은 풍수지리상 묘의 동남쪽을 귀신이 다니는 길, 즉 신도神道라고 보았기 때문입니다.

정자각의 북서쪽 뒤편에는 축문을 태우는 소전대燒錢臺와 폐백幣帛을 묻는 정방형의 석물을 둘러친 예감瘞坎이 있습니다. 태조의 건원릉과 태종의 헌릉에는 두 가지가 모두 있지만, 세종 때부터는 예감 하나만 설치되었습니다.

예감과 마주보는 동쪽에는 장방형의 판석이 놓여 있습니다. 능침이 위치한 산신에게 제향을 올리는 곳으로 산신석山神石이라고도 하고, 달리 환인桓因, 환웅桓雄, 환검桓儉의 삼신에게 제물을 올리는 곳이라는 뜻의 삼신석三神石이라고도 합니다.

능침陵寢은 정자각 뒤의 비탈진 사초지莎草地부터 봉분까지의 언덕을 가리킵니다. 능침을 둘러친 담장은 곡장曲墻이라고 합니다.

능침 주위에는 여러 종류의 석물들이 나름의 의미를 갖고 배치되어 있습니다. 능침 앞은 삼계단三階段으로 나뉘어 있는데, 아래서부터 하계, 중계, 상계라고 부릅니다. 하계에는 한 쌍의 무인석과 석마石馬가 놓여 있습니다. 중계에는 한 쌍의 문인석과 석마가 임금의 명만 떨어지면 어디라도 달려갈 듯이 서 있고, 더불어 능침에 모신 분의 장생발복長生發福을 기원하는 장명등長明燈을 세워두었습니다. 상계에는 육신에서 분리된 혼이 체백體魄을 찾아올 때 봉분을 잘 찾을 수 있도록 표지 구실을 하는 망주석望柱石이 양 옆에 서 있고, 중간에는 혼유석魂遊石이 놓여 있습니다. 혼유석은 북 모양의 고석鼓石이 받쳐주고 있습니다.

또한 봉분 주위에는 두 쌍의 석호石虎와 석양石羊이 서 있습니다. 이들 석호와 석양은 능침을 수호하기 위해 봉분 밖을 향하고 있습니다.

석물도 시대에 따라 변하여 상계, 중계, 하계로 이루어진 삼계단

(위) 문인석과 무인석.
(오른쪽) 문인석.

은 영조 때부터는 중계와 하계가 합쳐져 상계, 하계의 2단으로 바뀌었습니다.

조선의 왕들, 길이 잠들다

동구릉에는 여섯 분의 왕과 한 분의 추존왕追尊王, 열 분의 왕후가 아홉 왕릉, 열여섯 봉분에 모셔져 있습니다.

건원릉建元陵은 조선을 건국한 태조 이성계의 단릉, 현릉顯陵은 문종과 현덕왕후의 동원이강릉, 목릉穆陵은 선조와 의인왕후 그리고 계비인 인목왕후의 동원이강릉, 휘릉徽陵은 인조의 계비 장렬왕후의 단릉, 숭릉崇陵은 현종과 명성왕후의 쌍릉, 혜릉惠陵은 경종의 비 단의왕후의 단릉, 원릉元陵은 영조와 계비 정순왕후의 쌍릉, 경릉景陵은 헌종과 정비 효현왕후 그리고 계비 효정왕후의 삼연릉, 수릉綏陵은 추존왕 익종翼宗과 흔히들 조대비라고 부르는 신정왕후의 합장릉입니다.

동구릉 앞을 흐르는 왕숙천은 포천군 내촌면 신팔리 수원산 동쪽 계곡에서 발원해 남양주시 진접읍을 지나 진건읍과 퇴계원읍의 경계를 따라 흐른 후 남양주시와 구리시의 경계를 이루면서 계속 남으로 향하다가 구리시 토평동과 남양주시 수석동 사이에서 한강에 흘러듭니다.

왕숙천은 달리 왕산내, 왕산천, 풍양천으로도 불리는데, 풍양천은 조선 초 진접읍 내각리에 이궁인 풍양궁을 지었기 때문에 붙여진 이름입니다. 김정호가 제작한 〈대동여지도〉에는 '왕산천'이라고 표기되어 있습니다.

태조 이성계의 건원릉. 홍살문, 참도, 정자각, 봉분이 일직선상에 놓여 있다.

왕자의 난으로 함흥에 갔던 태조 이성계가 무학대사와 함께 한양으로 환궁하던 중, 지금의 진접읍 팔야리에서 8일을 머물렀다고 해서 이 마을을 팔야리라 부르게 되었고, 마을 앞을 흐르는 하천을 '왕이 자고 갔다'는 뜻의 왕숙천이라 부르게 되었다는 이야기가 전합니다. 일설에는 세조를 광릉에 안장한 후 '선왕이 길이 잠들다'라는 뜻에서 왕숙천이라 명명했다고도 합니다.

동구릉 부근에 있는 사노리四老里라는 자연부락에는 다음과 같은 이야기가 전해져 옵니다. 태조의 건원릉을 조성할 때 영월에서 부역으로

현종과 원비 명성왕후 김씨를 모신 숭릉. 숭릉의 정자각은 다른 능에서 볼 수 없는 특이한 형태의 팔작지붕 모양이다.

동구릉 부근의 양지말에 서 있는 나만갑 신도비.

동원된 사람들 중에 네 명의 노인네가 공사가 끝나도 돌아가지 않고 이곳에 머물렀다고 합니다. 박씨는 안말에, 추씨는 두레물골에, 주씨는 양지말에, 엄씨는 언제말에 눌러 살았다는데, 네 노인네가 산 곳이라 사노리라고 불렀다는 것입니다.

양지말에는 조선 중기에 공조참의를 지내고 좌의정에 추증된 구포 나만갑의 신도비가 있습니다. 나만갑은 병자호란 때 홀로 말을 타고 남한산성에 들어가 인조로부터 공조참의에 기용되고 먹을거리를 책임지는 관량사管糧使 역할을 맡았던 인물입니다.

정조의 능행길을
따라 걷는 길

기행 코스

정조가 아버지 사도세자의 원묘인 현륭원을 참배하러 간
능행길을 따라 걸으며 정조에 얽힌 사연과 관악산의 동쪽 계곡인
자하동천에 새겨져 있는 암각문을 둘러보는 일정

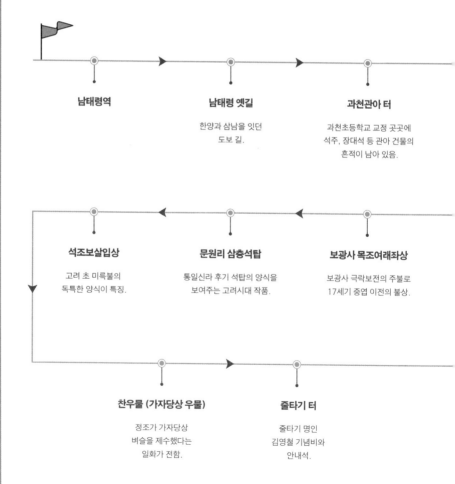

남태령역

남태령 옛길

한양과 삼남을 잇던
도보 길.

과천관아 터

과천초등학교 교정 곳곳에
석주, 장대석 등 관아 건물의
흔적이 남아 있음.

석조보살입상

고려 초 미륵불의
독특한 양식이 특징.

문원리 삼층석탑

통일신라 후기 석탑의 양식을
보여주는 고려시대 작품.

보광사 목조여래좌상

보광사 극락보전의 주불로
17세기 중엽 이전의 불상.

찬우물 (가자당상 우물)

정조가 가자당상
벼슬을 제수했다는
일화가 전함.

줄타기 터

줄타기 명인
김영철 기념비와
안내석.

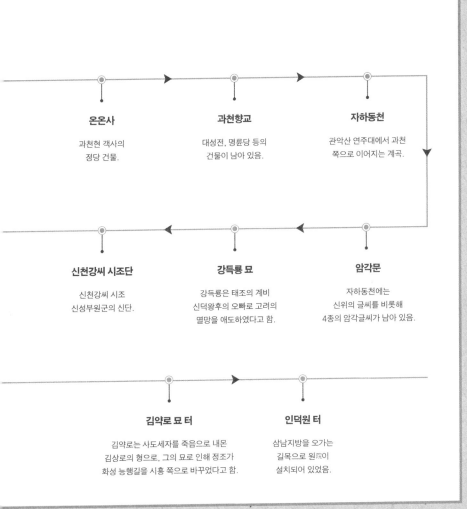

온온사

과천현 객사의
정당 건물.

과천향교

대성전, 명륜당 등의
건물이 남아 있음.

자하동천

관악산 연주대에서 과천
쪽으로 이어지는 계곡.

신천강씨 시조단

신천강씨 시조
신성부원군의 신단.

강득룡 묘

강득룡은 태조의 계비
신덕왕후의 오빠로 고려의
멸망을 애도하였다고 함.

암각문

자하동천에는
신위의 글씨를 비롯해
4종의 암각글씨가 남아 있음.

김약로 묘 터

김약로는 사도세자를 죽음으로 내몬
김상로의 형으로, 그의 묘로 인해 정조가
화성 능행길을 시흥 쪽으로 바꾸었다고 함.

인덕원 터

삼남지방을 오가는
길목으로 원院이
설치되어 있었음.

화기火氣의 산, 관악산

백두대간의 속리산에서 갈라진 산줄기 한남금북정맥이 안성 칠현산에서 서북쪽으로 방향을 바꾸어 김포 문수산에 이르는 해발 고도 200m 내외의 낮은 산줄기를 한강의 남쪽을 지나는 산줄기란 뜻으로 한남정맥이라고 합니다.

한남정맥이 수원 광교산에서 서해로 향하는 본줄기에서 갈라져 나와 북서쪽으로 한강 남쪽에 이르는 지맥의 마지막에 우뚝 솟아오른 봉우리가 관악산입니다. 관악산은 개성의 송악산, 가평의 화악산, 파주의 감악산, 포천의 운악산과 함께 경기오악京畿五岳의 하나로서 수려한 봉우리와 빼어난 바위를 자랑하는 명산으로 꼽혔습니다.

관악산은 일찍이 역사무대에 등장하여 많은 옛 기록에 그 이름이 전해지고 있습니다. 한강을 서로 차지하기 위해 삼국이 쟁탈전을 펼칠 때나 결국 한강을 차지한 신라가 당나라를 내몰 때에도 관악산은 군사적 요충지의 역할을 하였으며, 이러한 사실은 관악산에 잇대어 서쪽에 솟아 있는 호암산에 쌓은 삼국시대의 석축산성이 증명해줍니다.

관악산 정상에 잇대어 죽순처럼 하늘을 향해 치솟은 절경 속의 바위가 연주대입니다. 이곳 바위틈에 30m의 축대를 쌓고 나한을 모신 응진전을 지었습니다. 응진전 입구에는 우진각지붕 형식의 마애감실에

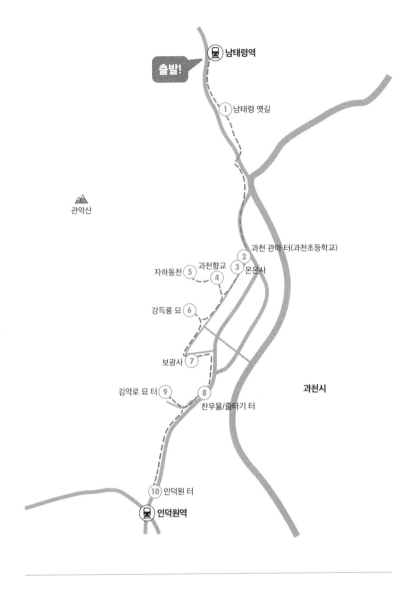

남태령역에서 옛길을 따라 과천으로 향합니다.
과천현의 유적과 보광사 등을 답사한 후 인덕원까지 남행합니다.

관악산 정상에 잇대어 하늘을 향해 치솟은 연주대.

중생의 질병을 구제하고 법약을 준다는 약사여래가 입상으로 봉안되어 있습니다. 약사여래는 왼손에 약병을 들고, 오른손에 시무외施無畏의 인印을 하고 있습니다. 응진전 법당 중수기에 효령대군이 조성한 것으로 기록되어 있지만, 고려시대에 건립된 것으로 추정되며, 감실의 조각 수법 등에서 가치가 높은 문화재로 평가되고 있습니다.

연주대는 원래 의상대라 불렸는데,《연주암지》에 의하면 신라 문무왕 때 의상조사가 한강 남쪽을 유화遊化하다가 관악산의 수려함에 끌려 산정에 의상대를 창건하는 동시에 관악사를 개산했다고 합니다. 의상대가 연주대로 달리 불리게 된 연유는, 고려가 멸망하자 태조의 계비 신덕왕후의 오빠 강득룡이 서견, 남을진 등과 함께 두문동 72인의 행적을 본따 두 왕조를 섬기지 않겠다는 뜻을 품고 관악산 의상대에 올라 개성을 향해 통곡하며 고려를 연모한 데서 비롯되었다고 합니다.

다른 이야기도 전합니다. 동생인 충령대군이 왕위를 물려받자 평소 불교에 심취하여 많은 불사와 역경사업을 벌인 효령대군이 유랑길에 나섰다가 관악사를 찾아와 수행하면서 궁궐이 잘 보이는 현재의 위치에 40칸 규모의 건물을 새로 지었는데, 이때부터 관악사를 연주암으로 부르게 되었다는 것입니다. 효령대군은 궁궐에 있는 세종을 그리워하며 시를 짓고 제일 높은 바위에 연주대라는 글씨를 새겼다고 합니다. 이러한 인연 때문인지 연주암 바로 곁에는 효령대군의 영정을 모신 효령각이 세워져 있습니다.

연주대 바로 밑에 위치한 관악사 터에서는 15세기부터 18세기의 유물이 많이 출토되었습니다. 적어도 6개 이상의 건물이 있었는데, 일시에 건립된 것이 아니라 수해 등을 입으면 인근 대지 혹은 그 자리에 새로운 가람을 건립해 명맥을 이어오다가, 18세기 들어 완전히 폐사된 것

(위) 관악사 터와 연주대.
(아래) 효령대군의 진영을 모신 효령각.

으로 조사되었습니다.

삼성산은 관악산 정상에서 남쪽으로 여덟 개의 봉우리로 이루어진 팔봉능선을 따라 잇대어 솟아 있는 산입니다. 신라의 고승 원효, 의상, 윤필 세 스님이 이곳에 세 개의 초막을 짓고 수행하였다고 해서 붙여진 이름입니다. 고려 말에는 양주 회암사에 주석하였던 지공, 나옹, 무학 대사가 이곳에서 수행하였으며, 조선시대의 서산대사와 사명당도 이곳에서 수행 생활을 하였습니다.

산중턱에 있던 세 개의 초막 중 삼막만이 삼막사三幕寺라는 이름으로 지금까지 남아 있고, 일막과 이막은 임진왜란 때 불타 없어졌습니다. 몽골이 고려를 침범했을 때 삼막사 스님인 김윤후는 승병이 되어 용인 처인성 전투에서 화살로 몽골군 원수 살리타이를 사살하였습니다. 삼막사에는 이를 기념하기 위하여 삼층석탑이 조성되었으며, 달리 살례탑撒禮塔이라고도 부릅니다. 김윤후는 전쟁이 끝난 후 나라에서 상장군의 지위를 내렸으나 끝내 받지 않았다고 합니다.

관악산은 한양도성의 외사산의 하나로 조선의 법궁인 경복궁의 조산 또는 외안산에 해당합니다. 산의 형세가 불의 모양을 하고 있어 예로부터 관악산은 풍수상으로 화기의 산으로 보았습니다.

그래서 한양도성의 외안산인 관악산의 화기를 누르기 위한 압승책으로 숭례문 밖에 인공 연못인 남지를 조성하였고, 관악산 옆에 있는 삼성산에도 한우물이라는 연못을 파고, 관악산 주봉인 연주대에는 아홉 개의 방화부를 넣은 물단지를 놓아두었습니다. 또한 도성 사대문 가운데 오직 남대문인 숭례문만 현판 글씨를 세로로 썼습니다. 숭례문의 예禮는 5행의 화火에 해당하고 숭崇은 불꽃이 타오르는 상형문자이므로, 숭례라는 이름은 세로로 써야 불이 잘 타오를 수 있고, 이렇게 타오르는 불로 맞불을 놓음으로써 관악의 화기를 막을 수 있다고 생각했습니다. 그야말로 불로써 불을 제압하고, 불로써 불을 다스리는 격입니다.

관악산이 품은 계곡 자하동천

남태령은 관악산에서 우면산으로 이어지는 산줄기의 안부에 해당합니다. 옛날부터 한양과 삼남을 잇던 도보 길로, 물산의 이동이 많고 선비들이 한양으로 과거를 보러 가던 관문이었습니다. 한때는 정조가 지극한 효성으로 아버지를 그리워하여 사도세자의 묘를 참배하러 가던 길이었습니다.

관악산은 산이 험준해서 예로부터 도적이나 범죄자가 숨어 살며 행인들의 물건을 뺏는 산적질이 횡행하였습니다. 이들의 행위가 여우 짓 같다고 해서 이 고개를 '여우고개'라고 불렀습니다. 산적의 약탈을 예방하기 위해 과천 쪽 유인막에 행인 50명이 모이면, 관군이 호송하여 고개를 넘었다고 해서 '쉰네미고개'라고도 불렀습니다.

남태령이라고 불리게 된 연유는 정조의 능 행차와 관련 있다고 전해집니다. 정조가 수원 현륭원을 참배하러 가다 이 고개에서 잠시 쉴 때 "이 고개 이름이 무엇이냐"고 물으니, 과천현의 이방 변씨가 "남태령입니다" 하고 아뢰었습니다. 이때 옆에 있던 신하가 '여우고개'라는 이름이 있는데 어찌 거짓이름을 아뢰느냐고 질책하니, "임금님께 '여우고개'라는 속된 이름을 아뢰기가 민망해서 그랬습니다" 하므로, 정조가 변 이방의 깊은 뜻과 즉흥적인 작문 실력을 높이 칭찬하였다는 것입니다. 그 후부터 남태령이라 부르게 되었다고 합니다.

　관악산이 품은 계곡을 자하동천紫霞洞天이라고 합니다. 흘러내리는 물줄기의 방향에 따라서 삼성산 아래 안양 쪽 계곡을 남자하동, 연주대에서 과천 쪽 계곡을 동자하동, 서울대학교에서 신림동으로 이어지는 계곡을 북자하동이라고 하였습니다. 남자하동은 안양천으로, 북자하동은 신림천으로 이름이 바뀌었으며, 복개가 되어 옛 모습을 찾아볼 수 없게 되었습니다. 오직 동자하동만이 자하동천이란 이름으로 남아 있습니다. 20여 리에 이르는 골짜기 입구를 깎아지른 듯한 바위와 절벽이 병풍처럼 둘러쳐 수려한 자태를 뽐내는데, 특히 이 일대를 자하시경紫霞詩境이라고 부릅니다.

　자하동천은 조선시대에 시, 서예, 그림의 3절로 유명한 신위가 살던 마을 이름에서 유래된 것으로, 자하는 신위의 호입니다. 신위는 관직을

(위) 남태령을 넘어 과천으로 가는 옛길.
(아래) 자하동천 암각글씨 '백운산인 자하동천'(왼쪽) '단하시경'(오른쪽).

버리고 자하동천에 내려와 시, 글씨, 그림으로 낙을 삼으며 여생을 보냈습니다.

자하동천의 바위에는 역사적 의미를 갖는 4종의 암각글씨가 남아 있습니다. 자하동 입구라는 뜻의 '자하동문紫霞洞門'과 흰 구름처럼 마음대로 오간다는 뜻과 시를 쓰는 경지가 하늘에 닿는다는 의미의 '백운산인 자하동천白雲山人 紫霞洞天' 글씨는 신위가 쓴 것입니다. 관악산의 아름다운 경치를 보며 시를 짓는 것을 기념한 '단하시경丹霞詩境'은 추사 김정희의 필체와 유사하며, 최치원의 시 〈광분첩석狂奔疊石〉과 '우암서尤庵書'는 송시열이 쓴 것으로 추정됩니다.

과천현감을 수령 가운데 으뜸으로 꼽다

안양, 시흥, 과천 그리고 서울의 관악구는 관악산이 부려놓은 고을입니다. 일찍부터 수령 중에 과천현감을 제일로 꼽았다고 합니다. 과천이 관악산과 청계산 사이에 형성된 고을로서, 한양에서 삼남지방으로 나가는 길목에 위치하고, 도성 안의 정보를 가까이 접할 수 있는 고을이었기 때문입니다. 과천 관아는 대부분 폐허가 되었고, 객사와 향교만이 지금까지 전해지고 있습니다.

온온사穩穩舍는 과천현 객사의 정당 건물입니다. 객사는 각 고을에 설치하였던 관사로 지방을 여행하는 관리의 숙소 역할과 함께 궐패와 전패를 모셔놓고 매월 초하루와 보름에 향궐망배向闕望拜를 행하는 곳이었습니다. 과천 객사는 동헌과 서헌으로 이루어져 다른 지역의 객사보다 규모가 컸는데, 그 이유는 조선시대 왕이 남행할 때에는 과천을 경

(위) 과천객사인 온온사.
(아래) 과천객사 입구에 모아놓은 선정비. 수령 600여 년의 은행나무가 온온사의 오랜 역사를 말해준다.

유해야 했고, 경우에 따라 왕이 묵어가야 했기 때문입니다.

온온사란 명칭을 갖게 된 연유는 정조가 현릉원 능행길에 과천 객사에 머물며 주위경관이 좋고 쉬어가기 편하다 하여 온온사란 현판을 내렸기 때문입니다. 이때 관아 동헌에 옛 별호인 부림을 따서 부림헌富林軒이란 현판도 하사하였다고 합니다. 일제강점기에 과천면 청사로 사용하다가 1932년 기존 건물을 헐고 새로 지었는데, 1986년 전남 승주군 낙안 객사의 형태를 참고하여 완전 해체 복원하였기 때문에, 원형을 찾는 데는 새로운 연구조사가 필요할 것 같습니다.

과천현 관아는 지금의 과천초등학교 자리인데, 교정 곳곳에 석주, 장대석, 초석 등이 남아 있습니다. 석주는 누각의 초석으로 쓰인 것으로 자연석과 자연석을 다듬은 것의 두 종류가 있습니다. 일제강점기까지만 해도 정면 10칸, 측면 2칸 규모의 관아가 남아 있었다고 합니다.

과천향교는 1398년(태조 7)에 창건되었다고 전해지는데, 1690년(숙종 16) 관아 서쪽 지금의 위치로 옮겼습니다. 대성전을 비롯하여 명륜당, 내삼문, 외삼문 등의 건물이 현존하며, 대성전에는 5성, 송조2현, 우리나라 18현의 위패가 봉안되어 있습니다.

강득룡 묘는 부인 이씨와의 쌍분묘로 과천시청 뒤편 보건소 뒷문 밖에 자리하고 있는데, 묘역 입구에는 홍살문과 신천강씨 시조 신성부원군의 신단이 있습니다. 묘표의 비문은 마모되어 글자가 확인되지 않습니다. 석물은 15세기 전반기에 제작된 것으로 추정되는 문인석 2쌍만이 원래의 것이고, 장명등, 석양 등은 근래에 제작된 것입니다. 강득룡은 태조의 계비 신덕왕후의 오빠입니다. 문과에 급제하여 공민왕 때 삼사우사를 지냈으나, 조선이 건국되자 관직을 버리고 관악산 연주암에 은거하여 고려의 멸망을 애도하였다 합니다.

과천향교.

보광사 3층석탑(왼쪽)과 보광사 석불(오른쪽).

보광사는 도심 속에 세워진 사찰로 목조여래좌상, 문원리 삼층석탑, 문원리사지 석조보살입상 등 귀중한 문화재를 지니고 있습니다.

보광사 목조여래좌상은 극락보전의 주불로 원래 양평 용문사에 봉안되었던 것이라고 합니다. 덜 도식화된 느낌을 주는 불상으로 17세기 중엽 이전에 제작된 것으로 추정됩니다. 문원리 3층석탑은 문원리에 인접한 관문리의 일명사지에서 옮겨왔다고 전해집니다. 기단과 3층 탑신을 구비한 석탑입니다. 탑신과 옥개석은 각 1석으로 조성하였는데, 3층 탑신은 결실되었습니다. 통일신라시대 후기 석탑의 양식을 계승한 고려시대 작품입니다.

문원리사지 석조보살입상은 관문리사지에서 보광사 창건시에 3층석탑과 함께 옮겨왔다고 합니다. 둔중해 보이는 이 보살상은 납작한 얼굴, 좁은 어깨, 빈약한 체구, 서툰 옷 주름선 등 지극히 도식화된 불상 양식을 보여줍니다. 머리에 모자를 쓴 보살상은 대체로 고려 초에 나타난 미륵불로 우리나라에서만 볼 수 있는 지방화된 독특한 양식입니다. 이 석조보살입상은 고려 초기에 민간에서 제작되고 조선 초기에 보개를 얹은 것으로 추정됩니다.

정조의 능 행차와 인덕원 옛길

과천을 지나서 남쪽으로 조금 더 가면 물맛이 좋아 정조가 가자加資로 당상 벼슬을 제수했다는 찬우물이 있고, 그 위쪽 산에 김약로의 묘가 있었습니다.

사도세자의 능을 참배하러 과천을 지날 때 심한 갈증을 느끼던 정

정조가 원행길에 마셨다는 가자우물.

조가 신하가 떠온 우물물을 마시고 난 후 물이 참으로 차고 맛이 좋다
하며 찬사를 아끼지 않았다고 합니다. 정조는 이 우물에 가자당상加資堂
上(정3품 이상의 품계)을 제수하였으며, 그 후 이 우물은 가자우물로 불
리게 되었습니다. 또한 물맛이 좋고 차다 하여 찬우물이라고도 불렀다
고 합니다.

김약로는 사도세자의 죽음에 깊이 관여했던 김상로의 형으로, 정조
는 즉위하자마자 그의 관작을 추탈하였습니다. 일찍이 영조는 세손 시
절의 정조에게 "김상로는 너의 원수다"라고까지 하였는데, 사도세자의
비극이 있었던 임오년(1762년) 당시 김상로는 노론의 영수로서, 영조
의 후궁 숙의 문씨와 그 오라비 문성국 등과 함께 사도세자를 죽음으로
내몬 대표적인 인물입니다.

이런 김상로의 친형인 김약로의 묘가 부친의 묘를 참배하러 가는

길 인근에 있으니, 정조는 이곳을 지날 때마다 지난날 아버님의 애절함을 생각하여 그 묘소조차 보기 싫어 부채로 얼굴을 가리고 지나갔다고 합니다. 정조는 이마저도 싫어 안양천을 건너는 만안교를 새로 놓고, 시흥 방향의 새 노선을 만들었습니다.

원래 찬우물 우측 산 능선 200m쯤에 묘역이 있었으나 이러한 유래 때문에 부담이 되었는지, 지금은 묘를 이장하고 묘역에는 쇠철망을 두른 채 관목과 소나무를 심어놓았습니다.

또한 찬우물 터는 당대의 줄타기 명인 김관보가 김영철을 비롯한 그의 제자들에게 줄타기를 가르친 곳으로, 그에 대한 안내석과 김영철 기념비가 세워져 있습니다. 줄타기는 1,300여 년 전 신라시대부터 연희되었다고 하는데, 고려시대에는 팔관회라는 국가행사에 참여하였으며, 조선시대에 와서는 나례儺禮에 줄타기가 있었습니다. 조선 성종 때의 학자 성현은 줄타기의 아름다움을 "날아가는 제비와 같이 가볍게 줄 위에서 돌아간다"고 감탄하였습니다.

김영철은 1920년 경기도 과천에서 태어났습니다. 아버지 김한근은 여러 지방의 큰 장터를 돌아다니는 상인이었습니다. 김영철은 글을 배우기 위해 서당을 다니던 중 이웃집에 사는 줄타기 명인 김관보의 줄에 홀려 김관보의 문하생으로 들어가 줄타기를 배웠습니다.

17세 무렵부터 큰 명절과 행사에는 김영철의 줄타기가 꼭 연희되었습니다. 김영철은 악기에도 능하여 직접 철현금이라는 악기를 제작해 연주하고 보급도 하였습니다. 말년에는 무리한 일정과 과로로 몸을 상해 더 이상 줄을 타지 못하게 되었지만, 그런 속에서도 문하생 김대균을 가르쳐 줄타기의 맥을 이어갔습니다.

인덕원(仁德院)은 조선시대 전국 6대로의 하나로 삼남지방을 오가는 길목이었으며, 지금도 과천, 의왕, 수원, 성남 등으로 연결되는 사통팔달 교통의 요지입니다. 인덕원이란 마을 지명은 조선시대 때 내시들이 집단으로 거주하면서 생겨났다고 합니다.

내시들은 비록 거세된 몸이지만 임금을 가까이서 모시는 높은 관직의 신분으로 왕실에서 내린 봉록(俸祿)과 기타 수입으로 많은 재물을 모을 수 있었습니다. 그들 가운데는 모은 재물을 이웃 주민과 살고 있는 고장에다 베푼 이들이 많았다고 합니다. 그래서 '인화를 베푸는 사람들이 사는 곳'이란 의미로 인덕(仁德)이란 명칭이 생겼고, 공무나 여행자들에게 편의를 제공하는 원(院)이 설치되면서 인덕원이라고 부르게 되었습니다.

《신증동국여지승람》에는 "광주 서쪽 45리에 위치하고 있으며, 과천현에서는 현의 서쪽 15리 지점에 인덕원이 소재하고 있다"고 기록되어

인덕원 표지석.

있습니다. 그 후 편찬된《여지도서》에 게재되지 않은 것으로 보아, 인덕원은 조선 전기에 주로 활용된 뒤 임진왜란을 즈음해 없어진 것으로 추정됩니다.

인덕원 옛길은 정조와 인연이 깊습니다. 1789년(정조 13) 양주 배봉산에 있던 부친 사도세자의 묘소를 수원 화산으로 옮기기 위해 인덕원을 지나간 이후, 다음해 1790년부터 1799년까지 11차례에 걸쳐 능행차를 하였는데, 이중 6차례를 인덕원 옛길을 이용했습니다. 5차 능행차인 1793년 1월에는 인덕원 들녘을 지나며 어가에서 내려 인근에 있던 마을 노인들을 접견하고 위로했다고 합니다.

인덕원은 교통 요충지였던 만큼 충무공 이순신 장군과도 관련이 있습니다.《난중일기》에는 "남쪽으로 내려갈 때 인덕원을 거쳤다"는 기록이 있는데, 1596년 이순신 장군이 수원으로 행차하던 중 말에게 먹이를 주기 위해 인덕원에서 한참을 쉬어갔다고 합니다.

이미지 출처

표지/60쪽	고려대학교박물관 소장. 한국데이터산업진흥원 제공
35쪽	고려대학교박물관 소장. 한국데이터산업진흥원 제공
40쪽	ⓒ천남성. 위키피디아
56-57쪽	문화재청 제공
77쪽	간송미술관 소장. 한국데이터산업진흥원 제공
101쪽	ⓒ천남성. 위키피디아
104쪽	간송미술관 소장. 한국데이터산업진흥원 제공
107쪽	자료사진
124쪽	마나 모하메드. 위키피디아
149쪽	독립기념관자료관 소장. 일본위키
153쪽	위키피디아
164쪽(아래)	ⓒDaderot. 위키피디아
184쪽(위)	ⓒAsfreeas. 위키피디아
184쪽(아래)	일본 텐리 시 이소노카미 신궁 소장
187쪽(아래)	ⓒAsfreeas. 위키피디아
190쪽	ⓒ하혜진. 위키피디아
195쪽	간송미술관 소장. 한국데이터산업진흥원 제공
208쪽	ⓒRay Turnbull. 위키피디아
212쪽(위)	자료사진
212쪽(아래 왼쪽)	ⓒInSapphoWeTrust. 위키피디아
222쪽(위)	엉남대학교박물관 소장. 위키피디아
222쪽(아래)	경기도박물관 소장. 위키피디아
224쪽	ⓒJocelyn Durrey. 위키피디아
235쪽	문화재청 제공
255쪽(위)	국립중앙도서관 소장. 문화재청 제공
255쪽(아래)	간송미술관 소장. 한국데이터산업진흥원 제공
257쪽	국립중앙박물관 소장

※ 그 밖의 저작권이 유효한 사진은 최연과 김순태, 지도는 노성일에게 저작권이 있습니다.